CARTE GÉOLOGIQUE DE L'ALGÉRIE

ETANT DIRECTEURS MM. POMEL ET POUYANNE

PALÉONTOLOGIE

MONOGRAPHIES

CARTE GÉOLOGIQUE DE L'ALGÉRIE

ETANT DIRECTEURS MM. POMEL ET POUYANNE

PALÉONTOLOGIE

MONOGRAPHIES

CAMÉLIENS ET CERVIDÉS

PAR

A. POMEL

CORRESPONDANT DE L'INSTITUT

ALGER

IMPRIMERIE P. FONTANA ET Cie, RUE D'ORLÉANS, 29

1893

CARTE GÉOLOGIQUE DE L'ALGÉRIE

PALÉONTOLOGIE – MONOGRAPHIES

CAMÉLIENS ET CERVIDÉS

PAR

A. POMEL

CORRESPONDANT DE L'INSTITUT

CAMÉLIENS

LES CHAMEAUX

HISTORIQUE

L'histoire paléontologique du genre *Camelus* en Europe n'est pas très compliquée. Bojanus a donné le nom de *Merycotherium sibiricum* à un animal caractérisé par trois molaires, que Cuvier trouva identiques à celles du dromadaire et qui ne sont peut-être même pas fossiles. M. Falconer a décrit le *Camelus sivalensis* du terrain miocène supérieur des monts Siwâlik, espèce réelle et très distincte. Plus récemment, M. P. Thomas a signalé la présence, dans les alluvions quaternaires de l'Oued Seguen, d'un chameau qu'il dit ne pas différer du dromadaire actuel. Peu après j'ai moi-même donné le nom de *Camelus Thomasii* à un fossile du terrain quaternaire de Ternifine et que je n'ai pu attribuer à aucune espèce vivante.

La présence d'un chameau dans les temps quaternaires en Berbérie est d'autant plus remarquable que, ni Hérodote, ni Pline ne mentionnent cet animal parmi ceux propres à ce pays. On sait, en effet, que les Romains, dans leurs expéditions militaires contre les peuples des régions sahariennes, se servaient de bœufs attelés pour leurs transports et non de chameaux, bien plus appropriés cependant à ce service dans ces régions, ce qui doit faire penser que ce convoyeur ne s'y trouvait pas. A. Desmoulins, dans un travail, inséré dans les *Mémoires du Muséum* en 1828, sur la patrie du chameau à une bosse et sur l'époque de son introduction en Afrique, conclut : Les chameaux ont été importés vers la fin du IIIe siècle ou le commencement du IVe siècle par les Scénites dans cette partie de l'Egypte, située entre la mer Rouge et le mont Mokattan. Deux siècles plus tard, ils s'étaient multipliés prodigieusement dans tout le nord de l'Afrique.

Cette question, encore obscure, pourrait peut-être être éclaircie par la numismatique de cette époque ; car Müller figure des pièces ou médailles où le dromadaire est parfaitement représenté et qui seraient originaires de la Cyrénaïque : ce qui contredirait notablement les résultats des recherches de Desmoulins. Je regrette de n'avoir à ma disposition aucun des éléments nécessaires pour la discussion de cette question ; il est utile de faire remarquer, du reste, que pour les anciens, l'Afrique ne commençait qu'à l'ouest de la vallée du Nil et que même la Cyrénaïque était une dépendance de l'Egypte.

LE DROMADAIRE

CAMELUS DROMEDARIUS

Pl. I et II.

La planche I représente sous trois faces, aux 9/10, une portion de mandibule d'un jeune chameau portant une dernière avant-molaire de lait et trois arrière-molaires dont la dernière, en germe, perçait à peine l'alvéole, mais possédait cependant ses trois lobes caractéristiques. Le diastème est conservé jusque vers la symphyse et celle-là est en partie conservée, en partie mutilée. Le trou dentaire, en général plus ou moins à l'aplomb de la première avant-molaire, est conservé et nulle trace d'alvéole pour cette dent ne se montre sur la marge alvéolaire où elle devrait se trouver ; il est probable que cette dent devait manquer, ce qui arrive parfois dans le dromadaire ; il y a toutefois alors à sa place un épaississement du bord dentaire qui ici manque également. Ce trou dentaire est à 9^{cm} de la première arrière-molaire ; l'écartement du bord supérieur des deux branches est de 30^{cm}, ce qui est un peu moindre que dans le dromadaire ; par contre, le sinus de la symphyse est un peu plus avancé, ce qui est dû au jeune âge et se retrouve sur une jeune mandibule d'animal de notre époque.

La première dent conservée est une dernière avant-molaire de lait ; elle est, comme d'habitude, à trois lobes, croissant en volume du premier au troisième et portée sur deux racines. Il n'y a devant elle aucune trace d'alvéole ou de racine d'une avant-molaire antérieure ; les piliers extérieurs sont bien arrondis en portion de cylindre ; les croissants d'émail de la couronne ont presque disparu par la détrition aux deux premiers lobes qui ne sont pas cependant très profondément usés ; au troisième lobe le croissant séparatif des demi-cylindres est en scissure étroite. La muraille interne présente trois faibles convexités séparées par deux faibles dépressions et des rudiments de côtes subsistent aux angles, le postérieur plus accusé. Je n'ai constaté la présence d'aucun germe sous cette dent ; il a pu être brisé pendant l'extraction, cette mandibule étant en mauvais état de conservation.

La première vraie molaire avait déjà ses disques de détrition assez étendus ; son lobe antérieur est assez fortement déjeté en avant et s'atténue vers la base, donnant un aspect flabellé à la dent. Ses convexités externes sont profondément séparées et l'antérieure est bordée en avant par une côte obtuse peu saillante. Il n'y a ni bourrelet basilaire, ni colonnette interlobaire. Les croissants d'émail de la couronne sont réguliers et assez serrés. La muraille interne est marquée d'une côte marginale antérieure en forme de nervure, d'une marginale postérieure s'élargissant vers la couronne et formée par une gouttière très ouverte et s'étalant vers le haut. Vers le tiers antérieur est une nervure médiane assez grêle, qui marque la séparation des lobes et s'efface vers la racine entre ces côtes. La muraille est à peine bosselée en deux faibles ondulations convexes.

La deuxième arrière-molaire est la reproduction de la première, avec des dimensions un peu plus grandes, et sa côte de la convexité interne antérieure n'est pas plus accusée et s'atténue vers la base. La dent étant moins usée, les croissants d'émail de la couronne sont plus séparés et ouverts, mais aussi simples. La muraille interne est aussi faiblement ondulée. La côte antérieure est assez saillante, la postérieure étalée, la médiane très obtuse et très peu en relief et entre ces côtes le milieu de chaque lobe se relève en une faible convexité parallèle. Le lobe postérieur est sensiblement plus large que l'antérieur à cette face.

La troisième arrière-molaire n'est qu'à l'état de germe venant à peine de percer son alvéole ; elle est à trois lobes. Les deux antérieurs reproduisent les arrière-molaires précédentes ; la côte externe de l'angle antérieur paraît plus dégagée, plus nette ; le troisième lobe, beaucoup plus court et moins épais que les antérieurs, se déjette en dehors en une sorte de demi-cylindre à convexité externe très marquée, tandis que sa face interne se creuse en large gouttière entre la côte postérieure de la muraille interne et le bord postérieur aminci et presque caréné du lobe.

La branche osseuse de cette mandibule est assez grêle, mais c'est la conséquence de son jeune âge ; elle porte sous l'aplomb de l'intervalle de la dent de lait et de la première persistante un trou dentaire de calibre médiocre.

Le cément est assez mince mais finement vermiculé ou granuleux.

MENSURATION

Longueur de la branche depuis l'extrémité de la 3e arrière-molaire jusqu'à l'origine de la symphyse	0,210mm
Distance de la dernière molaire au devant du trou dentaire	0,222
Hauteur de l'os au dessus de l'origine de la symphyse	0,027
— au devant de l'avant-molaire	0,030
— au devant de la 2e arrière-molaire	0,044
— derrière la 2e arrière-molaire	0,066
Longueur de la dernière avant-molaire de lait	0,035
— de la 1re arrière-molaire à la couronne	0,037
— de la 1re arrière-molaire au niveau de l'alvéole	0,028
— de la 2e arrière-molaire à la couronne	0,042
— de la 2e arrière-molaire au niveau de l'alvéole	0,030
— de la 3e arrière-molaire (germe)	0,045

Tous ces éléments cadrent suffisamment bien avec ce que l'on trouve chez le dromadaire ; cependant, dans un jeune sujet, j'ai constaté que la distance était moindre entre la troisième dent de lait et l'origine de la symphyse ; que cette dent de lait, moins entamée, il est vrai, par la détrition, avait une longueur plus grande, 45mm. L'absence de la première avant-molaire (deuxième ou fausse canine) est aussi à noter. Mais il ne paraît pas qu'il y ait des motifs suffisants pour ne pas considérer provisoirement notre fossile comme identique au dromadaire.

J'ai moi-même recueilli cette pièce dans une station sous abri de l'âge néolithique à Fort-de-l'Eau ; les grès et poudingues de la corniche constituée par les dépôts des plages soulevées constituaient l'abri, presque au niveau des grosses mers. La pièce est déposée dans les collections de l'Ecole des sciences d'Alger.

Les figures 1 à 3 de Pl. II aux 2/3 représentent un autre tronçon de mandibule d'un sujet bien adulte ayant conservé ses deux arrière-molaires, la troisième étant un peu détériorée à la couronne. Ces dents ont une mince couche de cément à surface granulée. La deuxième arrière-molaire ressemble beaucoup à celle de la mâchoire précédente ; sa muraille interne est un peu moins en éventail ; sa surface est moins ondulée, avec la côte médiane un peu plus anguleuse et grêle. La face antérieure externe du premier lobe porte une assez forte côte marginale, très bien limitée, s'étendant très bas sur le fût de la dent, tandis que dans les dromadaires que j'ai pu examiner, cette côte est bien moins marquée et parfois presque obsolète et sur la partie la plus voisine de la couronne seulement, de sorte qu'elle disparaît de bonne heure par la détrition.

La troisième et dernière arrière-molaire est, comme d'habitude, à trois lobes ; le premier porte la côte marginale antérieure externe tout aussi nettement développée que dans la dent précédente ; le second lobe à la face interne a sa côte postérieure assez épaisse et saillante formant avec l'arête postérieure du talon, au troisième lobe, une gouttière plus profonde et plus interne que dans la mâchoire précédente. Dans les dromadaires que j'ai pu étudier, j'ai trouvé ce lobe postérieur plus cylindrique, à peine caréné en arrière près de la couronne et non disposé en gouttière entre la carène postérieure et la grosse côte du côté postérieur du lobe moyen.

L'os mandibulaire ressemble beaucoup à celui du dromadaire par ses dimensions et les détails de sa forme et de ses insertions musculaires : je ne trouve à noter que la position du trou dentaire sous l'arrière de la première molaire persistante au lieu d'être située sous son milieu, et dans notre jeune sujet sous son bord antérieur.

MENSURATION

Largeur antéro-postérieure de la branche montante en arrière de l'arrière-molaire	0,090mm
Hauteur de la branche horizontale derrière l'arrière-molaire	0,085
Epaisseur au même point	0,035
Hauteur de la branche horizontale devant la deuxième arrière-molaire	0,045
Epaisseur au même point	0,030
Longueur antéro-postérieure de la 2e arrière-molaire	0,040
Epaisseur du 2e lobe	0,017
Longueur de la troisième arrière-molaire	0,050
— de son 1er lobe	0,020
— du 2e lobe	0,018
— du 3e lobe	0,012

Cette portion de mandibule rappelle complètement les formes et dimensions du dromadaire, mais elle en diffère par ses arrière-molaires à muraille interne moins ondulée, à côte de l'angle antérieur externe très développée et par le talon de la troisième arrière-molaire plus anguleux et plus canaliculé en dedans. Il est probable que ce ne sont là que des différences individuelles. La portion de mandibule trouvée dans le même lieu que celle-ci, et figurée par M. Thomas, n'en porte que des traces comme notre sujet de Fort-de-l'Eau. Il ne serait pas non plus impossible que cette mandibule appartienne à un type un peu différencié, ce que l'on ne pourra établir qu'à l'aide de matériaux d'étude plus complets.

Cette portion de mandibule, trouvée à l'Oued Seguen avec les buffles, appartient au Musée de la ville de Constantine où, d'après son étiquette, je l'avais déterminée dès 1884 comme ayant appartenu à un chameau, à la demande de M. Prudhomme, son conservateur, qui a bien voulu me la confier pour être figurée et décrite ici.

La Pl. II, fig. 4 et 5, représente aux 3/4, sous toutes ses faces, une première phalange du pied de devant. Elle provient de la grotte du Grand Rocher, à l'ouest d'Alger. Elle a perdu ses caractères de bisulque ; elle est longue et presque grêle subtriquètre, épaissie aux deux extrémités. La tête supérieure et subsemi-circulaire avec une faible indication de gorge de poulie qui surmonte une échancrure avec fossette du bord postérieur ; la facette articulaire s'arrondit un peu sur la marge postérieure en simulant deux lobules, l'interne plus court et plus convexe que l'externe. Sous le bord de celle-ci, au côté externe, est une sorte de disque uni, presque carré, pour insertion de ligaments ; à l'opposé, c'est-à-dire du côté interne, est une assez forte aspérité tubéreuse, mucronée au bord supérieur. A la face postérieure, sur près de deux centimètres de longueur, est une dilatation en méplat avec léger bourrelet sur les bords. Le corps de l'os au delà est contracté et lisse jusqu'à l'articulation inférieure.

Celle-ci est en poulie, à gorge seulement marquée en dessous et en arrière. En avant elle remonte médiocrement en un relief arrondi en portion d'ovale ; elle s'élargit en bas et en dessous en se cintrant un peu et formant deux condyles, dont l'interne est peu prolongé en arrière du sinus, peu épaissi en faible bourrelet au dessous d'une fosse arrondie bien circonscrite et dont l'externe, plus épais, plus étendu en remontant au delà du sinus, se termine en relief et s'étale en dehors en une portion cylindroïde remontante sous la fossette très creusée de la face externe. Le sinus entre les condyles a ses côtés très inégaux en saillie et épaisseur et il est lui-même très ouvert et arrondi. Le condyle interne est plus saillant en avant que l'externe et cela pour rejeter les phalanges terminales en dehors ; la longueur de la partie contractée de l'os est bien plus grande du côté interne et terminée par des reliefs moins accentués, en arrière la tubérosité du méplat et en avant le condyle ; c'est une forme très caractéristique des chameaux.

MENSURATION

Longueur du bord externe	0,091mm
— interne	0,092
Largeur de la facette supérieure	0,034
Hauteur de la même	0,030
Plus grande largeur de la tête supérieure	0,037
— hauteur —	0,030
Hauteur en dehors de la poulie inférieure	0,030
Largeur de la poulie	0,038
Longueur au bord externe de la poulie	0,034
Plus petite largeur du corps de l'os	0,020
Longueur de la tubérosité du bord inférieur sous-articulaire à la face externe	0,025
Distance de son extrémité au condyle	0,025

Ces dimensions et les formes de cette phalange cadrent très bien avec celles du dromadaire, et il ne nous paraît pas douteux qu'elle ait appartenu à cette espèce. On doit donc probablement inscrire le dromadaire dans la liste des espèces de Berbérie qui vivaient aux derniers temps quaternaires, ceux de la pierre polie. Il ne devait pas y être très commun puisque nous n'en connaissons encore que trois stations, une dans la Maurétanie sétifienne et deux dans la Maurétanie césarienne ; la première à l'Oued Seguen, les deux autres près d'Alger, au Fort-de-l'Eau, à l'Est, et à la grotte du Grand Rocher, près la pointe Pescade, à l'Ouest. Il y a toutefois quelques réserves à faire sur l'identité spécifique de ces divers débris.

Je ne connais rien dans les dessins rupestres qui puisse représenter un chameau, sauf une mauvaise caricature d'El Hadj Mimoun, qui est d'une époque plus récente que celle qu'on peut appeler artistique.

LE CHAMEAU DE TERNIFINE

CAMELUS THOMASII Pom. (Ass. F. A. S. 1885).

La Pl. III, fig. 2 et 3, représente une portion de mandibule qui a servi de type à l'établissement d'une deuxième espèce de chameau, dédiée à M. Thomas, vétérinaire principal, et qui a été trouvée à Ternifine, aujourd'hui Palikao, dans une station de la pierre éclatée. Il porte deux arrière-molaires, 1re et 2e ; j'ai recueilli dans le même gisement deux troisièmes molaires ayant très probablement appartenu au même sujet et dont l'une a été ajoutée à la place qu'elle devait avoir occupée, de manière à compléter la série des arrière-molaires.

Ce fragment de maxillaire est conservé dans sa table palatine jusqu'à la suture avec son homologue du côté opposé et porte une partie assez étendue du vrai palatin du même côté, qui s'étend en forme lancéolée jusqu'au niveau du milieu du pilier postérieur de la deuxième arrière-molaire, et sa pointe pénètre assez profondément dans le maxillaire qui forme saillie de plus d'un centimètre dans la suture médiane des deux parties de la plaque palatine. Celle-ci a donc la forme générale d'un triangle équilatéral dont le sommet antérieur serait fortement échancré, bifide pour recevoir un appendice du maxillaire.

Dans le dromadaire le palatin ne dépasse pas en avant le niveau de l'intervalle entre la seconde et la première molaire ; la forme générale de la pénétration dans la table maxillaire est en ovale plus ou moins tronqué et peu ou pas émarginé vers la suture médiane, et il en résulte que le bord alvéolaire interne est rangé de bien moins près par la suture latérale des deux os. Le palais, dans son ensemble, est plus triangulaire, se rétrécissant en avant. La distance de la suture au bord alvéolaire du pilier postérieur de la deuxième arrière-molaire est de 35[mm], celle de la suture au bord alvéolaire du pilier antérieur de la première arrière-molaire est de 20mm. Or, dans le dromadaire ces proportions sont inversées, 30mm pour la première distance et 23mm pour la seconde.

Il y a un trou palatin situé devant le pied de la troisième avant-molaire dans l'un comme dans l'autre type. A l'origine de l'apophyse ptérigoïdienne il y a dans l'un comme dans l'autre type une très forte marque d'insertion tendineuse qui paraît un peu plus développée sur notre fossile.

A la face externe ce maxillaire a conservé une portion du jugal formant partie de l'orbite dont le bord est un peu éraillé, mais permet encore de bien juger de la forme. On observe sous cette orbite une surface impressionnée pour une attache tendineuse qui vient de l'origine de la face inférieure de l'arcade zygomatique et s'élargit en longue spatule en avant en passant sur le maxillaire et coupant très obliquement la suture qui s'infléchit en remontant après en être ressortie pour aller au bord orbitaire antérieur ; il y a peu de différence dans la disposition de ces parties entre le dromadaire et notre fossile, si ce n'est que l'impression tendineuse est plus large en avant et se rétrécit en arrière comme si elle était plus courte ; elle est malheureusement incomplète.

Mais ce jugal est bien autrement disposé que dans le dromadaire; il est plus élargi sous l'orbite et au lieu de se déjeter horizontalement en dehors pour abaisser l'orbite et la faire ressortir, il s'élève obliquement au dessus du maxillaire en relevant l'orbite et atténuant sa saillie en dehors. Dans le profil de la tête du chameau le bord orbitaire forme auvent au dessus de la zone qui porte l'impression ci-dessus relatée et n'est aucunement visible. Au contraire, dans le chameau de Ternifine cette partie est très visible dans le profil. Il en résulte que le bord orbitaire inférieur, outre qu'il est bien moins saillant en dehors, est en même temps plus élevé au dessus du plan des alvéoles. Cette hauteur est de 50mm dans le fossile ; elle n'est que de 30mm dans le dromadaire.

Il me semble que c'est là une différence assez notable pour ne pas permettre de confondre les deux espèces. Une disposition très analogue se présente chez le chameau à deux bosses dont l'orbite est bien moins couchée en dehors et plus élevée au dessus du plan des molaires, de sorte que cette analogie donnerait à penser que notre animal pourrait être bien plus voisin du *Camelus bactrianus* que du dromadaire et peut-être même identique avec lui, ce que l'absence de matériaux de comparaison ne me permet pas de rechercher. On peut voir très nettement dans les planches de l'ostéographie de Blainville la différence signalée ci-dessus entre ces deux types et comparer nos figures de Pl. III, fig. 1 et Pl. IV, fig. 5 du dromadaire avec Pl. III, fig. 2 et 3 du chameau de Ternifine.

J'ai encore à signaler quelques particularités dans les dents connues. On les voit sur le plan de trituration à la Pl. III, fig. 2, et de profil sur la face externe dans la fig. 3. La figure 5 de la même planche et 1 de la planche IV sont des dents isolées à côté de dessins comparables du dromadaire. Ces dents ont leurs piliers internes bien arrondis, épais, profondément séparés par une fissure, sans bourrelets au col et sans colonnette interlobaire. La muraille externe est pourvue de côtes marginales avec une médiane bien saillante et entr'elles elle est presque plane ou à peine ondulée. Les différences qu'on pourrait noter, sauf celle de la côte médiane, sont de celles que la détrition peut expliquer en faisant un peu varier les détails des replis d'ivoire sur la couronne. Toutefois, la dernière, moins entamée et plus dégagée, nous a montré des différences assez importantes.

Son fût est beaucoup plus court, plus oblique dans son lobe postérieur qui n'est pas apiculé et s'arrondit à partir de la côte médiane pour remonter jusqu'à un fort bourrelet oblong retroussé en dehors qui représente la côte marginale. Dans le dromadaire, ce lobe est à peine diminué et il est presque aussi acuminé que dans les autres dents, et la côte marginale antérieure, quoique un peu atténuée, est encore distincte et n'a qu'un léger renflement au point du bourrelet de la dent fossile. A la face postérieure, un sinus entre les lobes remonte très haut dans le fossile et est peu marqué dans le suivant. A la face antérieure ce sinus est très ouvert et se continue par une scissure dans le vivant ; il est très peu accusé. En somme, cette dent a une physionomie toute particulière. La surface comprise entre les côtes, en forme de W renversé, est un peu plus bosselée peut-être dans le fossile ; mais c'est une nuance ; la côte médiane est aussi moins droite, un peu arquée et bien saillante à sa base.

MENSURATION

Longueur de la série des 3 arrière-molaires.............	0,115mm
Longueur de l'arrière-molaire..........................	0,040
Epaisseur de la même à la base du lobe antérieur........	0,028
Longueur de la 2e arrière-molaire......................	0,040
Epaisseur de la même à la base du lobe antérieur	0,027
Longueur de la 3e arrière-molaire......................	0,040
Epaisseur de la même à la base du lobe antérieur	0,024
— postérieur.......	0,022
Longueur de la pénétration du palatin dans le maxillaire.	0,070
Largeur plus grande en arrière de chaque 1/2 palatin....	0,033
Largeur du palais (maxillaire) au bout du palatin........	0,025
Largeur du palais vis-à-vis le milieu de la dernière avant-molaire..	0,020
Largeur de la branche du jugal sous l'orbite.............	0,015
Plus petite hauteur du maxillaire sous l'orbite...........	0,025

Je rapporte à la même espèce, au moins provisoirement, un fragment de mandibule trouvé à Ternifine en draguant le bassin où sourdent les sources artésiennes qui ont amené les sables formant le vrai sol de la station préhistorique ; il y a donc quelque réserve à faire sur cette attribution ; il est figuré Pl. IV, fig. 3 et 4, G. N.

C'est un fragment cassé très près de la symphyse dont il reste encore des traces. A trois centimètres en arrière on trouve une série de quatre alvéoles ayant appartenu, les deux premières à la dernière avant-molaire et les deux autres à la première arrière-molaire ; puis vient une dent un peu endommagée dans sa muraille interne et qui est la 2e arrière-molaire ; puis s'ouvre une grande alvéole dont la cassure postérieure n'a laissé que la partie antérieure assez profonde pour indiquer qu'une partie seulement du fût en était sortie.

La seule dent qui reste, la 2e persistante, présente la forme générale de celles du genre ; elle n'a ni bourrelet basilaire, ni colonnette ou pointe interlobaire. Son lobe antérieur est très incliné en avant, de telle sorte que la longueur de la couronne sur le plan de détrition étant de 40mm, la longueur au collet n'est plus que de 33mm. Ce collet affleure l'alvéole, ce qui indique, avec la largeur des disques de détrition, que l'animal était âgé et au moins très adulte. Il n'y a aucune trace de la côte du bord antérieur ; du côté intérieur les côtes marginales sont à peine marquées au niveau usé de la dent, mais elles ont dû être plus marquées dans la partie plus élevée du fût ; la côte médiane est très peu marquée par un faible relief étalé. Les intervalles de ces côtes sont régulièrement et également un peu convexes et sans aucune ondulation ; c'est là ce qu'il y a de plus différentiel avec la dent analogue du dromadaire, qui est subplane et même un peu déprimée dans ces parties.

L'alvéole double de la première vraie molaire est assez étendue, 25mm ; la partie postérieure, plus large et plus épaisse, est fortement oblique sous la racine de la dent suivante et sa partie antérieure est pliée en croissant ouvert en avant. Entre ces deux branches il y a 10mm d'intervalle. Les alvéoles de la dent qui précède et qui est la dernière avant-molaire occupent une longueur de 20mm, séparées par un intervalle de 10mm. Or, si la première molaire ne montre pas de différence bien sensible avec celle du dromadaire pour les proportions de ses alvéoles, il n'en est plus de même ici où les dimensions et l'écartement des deux branches témoignent d'un plus grand développement de l'avant-molaire correspondante. On ne voit aucune trace d'une molaire antérieure à celles-ci. Il y a un trou dentaire sous la racine postérieure de la première arrière-molaire.

MENSURATION

Longueur de la 2e arrière-molaire à la couronne.........	0,040mm
Epaisseur de la même au lobe postérieur...............	0,022
Hauteur du fût de la même..........................	0,023
Espace occupé par les deux racines de la 1re arrière-molaire	0,028
Largeur transversale de la seconde alvéole..............	0,015
— de la première alvéole.............	0,011
Espace occupé par les deux alvéoles de la dernière avant-molaire..	0,020
Largeur transversale des alvéoles.......................	0,011
Hauteur de la branche horizontale à l'origine de la symphyse..	0,028
Hauteur de la branche horizontale devant la première alvéole...	0,034
Hauteur de la branche horizontale derrière la 2e arrière-molaire..	0,052
Epaisseur de l'os derrière la symphyse.................	0,020
— devant la première alvéole............	0,024
— derrière la deuxième arrière-molaire....	0,036

En somme, la plupart des particularités à signaler dans cette pièce, pour la distinguer de celles du dromadaire, n'ont qu'une faible importance ; seule la molaire conservée peut laisser prévoir par sa structure qu'on est en présence d'un type particulier.

La station préhistorique de Ternifine nous a fourni un métatarsien remarquable par sa grande taille ; il est figuré Pl. III, fig. 6 au 1/4 et Pl. IV, fig. 6 à 1/2. Malheureusement cet os est mutilé vers le bas, tout près du point où commence la dilatation pour l'articulation et où cesse la fissure qui marque la séparation des deux os fondamentaux ; en comparant avec le dromadaire, il lui manquerait environ 1/8 de sa longueur ; il mesure encore 390^{mm} de longueur, ce qui ferait de longueur totale 434^{mm}. Or, dans un dromadaire dont les trois arrière-molaires supérieures mesurent 120^{mm} à peu près comme dans notre fragment de mâchoire supérieure, le métatarsien n'a que 360^{mm}, ce qui fait une énorme différence d'environ 1/5, de sorte qu'il y a peut-être lieu de douter que cet os ait appartenu à la même espèce que les mâchoires et dents.

Quoiqu'il en soit, c'est bien un os de chameau ; la forme de sa face postérieure ne peut laisser de doute ; elle est déprimée dans toute sa longueur en une sorte de gouttière étalée dont un des bords, l'externe, est très fortement saillant en arrière, de manière à faire verser la gouttière en dedans. Le bord externe est en arête assez fortement arquée, l'arête interne peu saillante, au contraire, est presque droite et ne s'efface vers le bas qu'au point du rétrécissement maximum avant la dilatation pour l'articulation. La face antérieure ne présente qu'auprès du sommet l'indice de la présence des deux métatarsiens dans le canon, l'externe étant évidemment refoulé un peu arrière de l'interne en formant une gouttière superficielle qui s'efface bientôt ; puis la face est uniformément bombée, mais un peu inégalement et ne porte qu'un fin sillon à peine marqué correspondant à la séparation des deux os.

Les côtés de l'os sont larges et aplanis ; le profil du côté interne est presque droit, tandis que vu de face ou de derrière il est sensiblement arqué. La tête inférieure est assez fortement contractée au dessus de la fissure qui prolonge la lacune inter-articulaire. puis l'os s'élargit sans s'épaissir vers la cassure. C'est, en somme, la forme du métatarsien camélien, mais l'inégalité des deux côtés est ici bien plus exagérée : l'articulation supérieure est brusquement épaissie, plus dilatée en dedans qu'en dehors, et plus large que longue ; les deux facettes principales sont arquées, la cuboïdienne plus petite, suivie d'une supplémentaire oblongue et plus en relief. La cunéiforme, plus large, est suivie d'une plus petite arrondie et presque à fleur. L'ensemble de la face articulaire est ovalaire avec un bord sinueux. Il y a dans les détails de forme des particularités différentielles entre cet os et celui du dromadaire que le dessin fera mieux saisir qu'une longue description.

MENSURATION

Longueur jusqu'auprès de la fissure de séparation des métatarsiens élémentaires	0,390mm
Largeur transverse de la tête supérieure	0,075
Epaisseur antéro-postérieure au milieu de la même	0,050
Epaisseur du lobe interne de cette articulation	0,055
— externe —	0,048
Largeur transverse du corps de l'os à la face antérieure, à 4cm au dessous de l'articulation	0,045
Plus petite largeur au bas du corps de l'os	0,040
Largeur transverse du corps de l'os entre les arêtes qui limitent en arrière la gouttière, en haut	0,035
La même au milieu	0,045
Distance des arêtes à leur terminaison inférieure	0,030
Epaisseur antéro-postérieure de l'os à sa face interne en haut	0,045
Epaisseur antéro-postérieure de l'os à sa face interne au milieu	0,040

Epaisseur antéro-postérieure de l'os à sa face interne au bas 0,030
Epaisseur antéro-postérieure à la face externe en haut.... 0,038
— à 10cm au dessous.. 0,045
— au milieu......... 0,050
— au 1/3 inférieur.... 0,050
— au bas........... 0.030

Le Musée de la ville d'Oran possède un tronçon de métacarpien du même animal et du même gisement, qui est malheureusement encroûté, cassé dans le bas, mais dont les proportions concordent avec celles de ce métatarsien et les confirment.

En résumé, des proportions de la tête peu différentes de celles du dromadaire ; l'œil moins déjeté en bas et moins saillant, donnant un air moins stupide, et indiquant certaines affinités avec *Camelus bactrianus ;* des proportions et des agencements assez différents dans les éléments ostéologiques de la face ; quelques particularités de dentition, et surtout des proportions bien différentes des os des membres indiquant une plus grande taille et une membrure bien plus forte. Je ne pense pas qu'il puisse y avoir de doute sur son autonomie spécifique, que de nouveaux matériaux confirmeront certainement.

Cette espèce est certainement plus ancienne que la précédente ; peut-elle être considérée comme la souche commune ancestrale des deux espèces vivantes ? Je ne saurais m'aventurer dans de semblables hypothèses ; elles ne pourraient, du reste, s'appuyer que sur des documents trop incomplets pour leur justification.

CERVIDÉS

—

GIRAFIENS

—

LE LIBYTHERIUM

LIBYTHERIUM MAURUSIUM Pom. (C. R. A. Juillet 1892).

Nous ne connaissons encore de cet animal qu'une mandibule mutilée, découverte à Oran par M. Brunie, alors agent-voyer en chef du département d'Oran, dans une carrière de grès exploitée dans sa propriété de St-Charles. Cette pièce, figurée Pl. V et VI de ce fascicule, ne comprend qu'une partie de la branche horizontale, portant cinq molaires en série, dont la première, réduite à sa moitié postérieure, est la seconde avant-molaire. Les incisives y manquent, leur bord alvéolaire étant brisé.

Le diastème, ou barre, moitié long comme l'espace occupé par les molaires, symphyse non comprise, va en s'atténuant insensiblement en avant jusqu'au bord postérieur de la symphyse, qui n'est point synostosée, mais que nous ne connaissons que dans sa partie la plus postérieure.

La courbure de son bord inférieur est à peine marquée. Le bord supérieur s'amincit et se déjette en dehors, tandis que la face intérieure s'épaissit pour produire l'engrenage symphysaire et par dessus la gouttière linguale, qui paraît avoir été assez étroite. A la face externe, à l'opposé du commencement de la symphyse, assez près de la marge, s'ouvre un large orifice ovalaire, en partie brisé, pour le passage des nerfs et vaisseaux dentaires et dont le petit diamètre est de 12mm.

La hauteur de la branche dentaire près de la symphyse est d'environ 40mm ; à trois centimètres plus en arrière elle est de 47mm avec une épaisseur de 10mm ; à six centimètres elle est de 50mm avec une épaisseur de 22mm ; ensuite le bord alvéolaire est malheureusement brisé jusqu'à la racine postérieure de la deuxième avant-molaire, où la hauteur de l'os est de 60mm et son épaisseur de 28mm. Sous le milieu de la 2e arrière-molaire, la hauteur est de 65mm, avec 45mm d'épaisseur. Le bord inférieur est brisé au delà, mais le bord alvéolaire, se relevant notablement en arrière, indique un assez fort élargissement vers l'origine de la branche montante. La face externe est convexe et l'interne presque plane ou légèrement déprimée.

Cette mandibule mesure, depuis le bord postérieur symphysaire (ou depuis le trou dentaire) jusqu'au bord extrême de la dernière molaire, une longueur de 30cm. Les quatre dents entières en occupent 17. Si, comme dans notre esquisse de restitution des deux premières prémolaires, nous ajoutons trois centimètres à ce chiffre, comme le rend très probable la réduction de la partie connue de la deuxième, nous arrivons à 20cm pour la série des molaires, plutôt moins que plus, et en supposant que la première ne manque pas, il resterait donc 10cm, c'est-à-dire la moitié de la longueur de la série dentaire pour la longueur de la barre. C'est un rapport de : 0.5. Dans les bœufs on trouve un rapport de : 0.66. Dans certains cerfs, comme l'élaphe, il est de : 0.4, mais il varie beaucoup dans la série des espèces et monte jusqu'à 0.7, dans le cerf de Virginie, entr'autres. Dans la girafe, le même rapport est : 0.6. Mais ici la symphyse est plus longue que le diastème et le trou vasculaire s'ouvre bien en avant de l'origine de la symphyse, de sorte que les proportions ne sont pas comparables.

La première avant-molaire est inconnue et il ne reste de la seconde que sa moitié postérieure, cassée juste au sinus des racines. La racine qui reste est subcylindrique, grêle, très exserte et presque exclue de son alvéole, comme si la dent était promptement caduque ; elle a 7 à 8^{mm} d'épaisseur et 16^{mm} de longueur. Le chicot qui reste porte une couronne subcarrée, tronquée en arrière, fortement usée, sans montrer de plis d'émail sur le plan de détrition : ce plan a 8^{mm} de largeur. A sa face interne elle porte les restes d'un pli rentrant très ouvert et à la face externe une convexité notable entre deux plis d'ondulation. La cassure, correspondant à deux reliefs opposés, semble bien indiquer qu'elle passait par le sommet de la dent, sans doute conique avant sa détrition. Cette dent devait être peu compliquée de crêtes ou de lobules, et peut-être était-elle très simple.

Elle est en tout cas très réduite en dimension, hauteur et épaisseur, et forme contraste avec le développement de la troisième avant-molaire contre laquelle elle s'appuie très haut. Ce qui reste du fût émaillé a 8^{mm} de hauteur contre 20^{mm} du lobe antérieur de la dent suivante ; son épaisseur est de 15^{mm} contre 20^{mm} pour sa voisine ; on peut estimer que cette dent ne devait pas dépasser 18 à 20^{mm} de longueur, la suivante en ayant 32. Ce contraste donne à penser que la première avant-molaire était très caduque et la chute également précoce de la deuxième avant-molaire devait réduire de bonne heure la série des dents en fonction à 4 ; une avant-molaire et trois persistantes, dont nous n'avons un exemple que chez les chameaux.

La troisième avant-molaire est une très grosse dent comme les trois qui suivent ; elle est fortement radiculée et son col est bien exsert de l'alvéole. Son émail est fortement et finement vermiculé et rappelle les grands ruminants girafiens *Bramatherium, Sivatherium, Helladotherium* et Girafes ; il ne porte aucune trace de bourrelet basilaire. Le fût de la dent est court et robuste, nullement prismatique, presque uni-lobé, se soulevant en pointe conoïde dans sa partie médiane, puis déclive en avant et plus longuement en arrière pour former une sorte de talon.

Il se compose d'une muraille externe épaisse, ondulée à sa face extérieure en une dépression remontant en s'effaçant au dessus du sinus des racines et en une autre plus en arrière marquant le talon. Cette muraille se prolonge du côté intérieur en se contournant en un appendice bilobé à la couronne, le lobe antérieur venant s'aligner sur la rangée interne des lobes des arrière-molaires. Sur la dent non usée cet appendice devait correspondre à un lobule plissé et décurrent. A l'arrière la muraille plus épaisse s'élargit du côté interne et se termine en un appendice brusquement rétréci et aigu, qui s'applique contre la paroi antérieure de la dent suivante, qu'elle ne dépasse pas. Le cône central envoie un gros lobule en arrière ayant un peu la forme d'un fer de lance tordu de côté, qui s'applique contre l'appendice postérieur de la muraille et la dépasse par sa pointe pour former l'angle postérieur interne. Une boucle d'émail reste ouverte à l'origine du pli de ce lobe, à l'opposé d'un petit pli latéral dans le grand sinus de cette face.

La face interne de ce lobe est très étendue en largeur et en hauteur ; elle est limitée en avant par le grand sinus et vers l'arrière elle forme l'angle de la dent portant au bord quelques rugosités comme un rudiment de la côte marginale des arrière-molaires. Elle se comporte comme le représentant du demi-cylindre interne du lobe postérieur d'une vraie molaire. Cette dent n'est qu'un peu plus petite que l'arrière-molaire qui la suit ; sa forme générale est oblongue, un peu atténuée en avant et la détrition y produit, surtout en arrière, de larges surfaces de trituration. Elle est remarquable par la simplicité de ses plissements et de ses crêtes. Le lobe qui se détache du mamelon conoïde central envahit l'arrière de la dent qui, au lieu de montrer deux à trois crêtes basses et divergentes, ne porte qu'un simple talon arasé traversé par un seul repli d'émail serré et flexueux, presque semblable à celui qui sépare les deux demi-cylindres des vraies molaires, surtout par sa terminaison un peu en dedans de l'angle postérieur. Dans les bœufs, les cerfs, etc., les replis postérieurs de cette dent vont toujours aboutir à la face interne et le médian ne se développe jamais de manière à figurer une muraille interne.

Chez les girafes on observe une tendance encore plus marquée de la troisième avant-molaire à passer au type d'une arrière-molaire, et cette tendance se manifeste même chez la deuxième avant-molaire : mais c'est en général le lobule antérieur qui se prolonge à la face interne, le médian n'étant, au contraire, pas représenté, et à l'arrière il y a une paire de lobules plus petits, égaux, plus ou moins indépendants et placés l'un devant l'autre, de telle manière que ces dents figurent une vraie molaire à deux paires de demi-cylindres, dont le lobe postérieur serait beaucoup plus raccourci et seulement virtuellement constitué.

Ainsi, contrairement à ce qui se passe chez les girafes, au lieu que ce soient la troisième et la deuxième avant-molaire qui prennent de l'importance par leur volume et le développement d'éléments accessoires, se référant évidemment au type arrière-molaire, dans le libytherium c'est la seule troisième avant-molaire qui se développe ; mais elle le fait en prenant surtout de l'épaisseur et en poussant un seul lobule médian vers l'arrière en forme de muraille, tandis que ce lobule, très habituel chez les ruminants, ne paraît pas être représenté chez la girafe. Je regrette de ne pouvoir étendre ces comparaisons aux autres types génériques fossiles de ce groupe. Toutefois, je dois ajouter qu'on peut signaler chez certains cerfs, l'élan, le renne, des tendances à la substitution du lobule antérieur au médian pour compliquer la couronne de cette dent.

La première arrière-molaire a ses parois de contact avec ses voisines fortement usées et privées de leur émail par suite de leur disposition très serrée. Cette dent est formée de deux lobes ayant chacun deux demi-cylindres, comme c'est la règle chez les ruminants. Ces demi-cylindres sont épais, très serrés l'un sur l'autre et ne laissent qu'une lacune en croissant presque linéaire sans repli d'émail. Les externes sont très convexes, obliques et nettement déjetés en arrière, fortement épaissis à leur base, sans bourrelet au collet, mais portant dans le pli, entre les deux lobes, un denticule en poinçon assez élevé. Il paraît y avoir eu au bord antérieur une petite crête marginale, mais elle a disparu presque en totalité par suite d'usure de l'angle de la dent.

Le face interne présente une muraille à surface un peu ondulée par une dépression verticale médiane entre deux faibles convexités. Au bord antérieur une arête obtuse s'élève du collet en s'accentuant : au bord postérieur un faible bourrelet un peu étalé remonte de la racine vers la couronne, en faisant la marge de la dent ; sur la couronne les disques de détrition de ces piliers internes tendent à s'arrondir, surtout l'antérieur. Les racines sont un peu exsertes de leurs alvéoles, surtout du côté extérieur. L'émail est à la face externe finement et fortement vermiculé comme dans l'avant-molaire précédente ; mais à la face interne il l'est très faiblement.

La deuxième molaire ressemble beaucoup à la précédente ; sur la couronne ce sont les mêmes plis d'émail très rapprochés, sans replis en feston ; l'antérieur en croissant régulier, dont les bouts se rapprochent plus de la face externe, le postérieur plus ouvert, tronqué à son bout antérieur, très voisin du pli interlobaire extérieur, le postérieur obtus, se terminant loin de l'angle externe. La dernière molaire nous expliquera cette disposition qui est absolument conforme dans toutes les arrière-molaires.

A la face externe on observe, au bord antérieur de la dent, le bourrelet dont il n'y avait qu'une trace sur la dent précédente. La pointe interlobaire est bien développée, cylindrique et atteint presque le niveau de la couronne ; il n'y a pas trace de bourrelet basilaire.

A la face intérieure la disposition est conforme à celle de la dent précédente, mais étant moins usée et un peu plus grande, la côte marginale antérieure y est plus marquée, plus épaisse et le pli qui la sépare bien plus accusé, plus profond. Le bourrelet du bord postérieur est un peu plus développé au dessus de la racine et plus saillant derrière une ondulation vers le haut.

La troisième arrière-molaire ne diffère des précédentes que par la présence d'un troisième lobe subcylindrique très épais, bien détaché du côté externe par un pli très profond, continu avec la muraille externe du lobe précédent, dont il est séparé par une arête en colonnette avec dépression en avant et en arrière. La pointe interlobaire est petite et courte et il n'y en a pas entre le second lobe et le troisième. Le bourrelet du bord antérieur externe est presque nul.

Le repli d'émail en croissant de la couronne a la même disposition décrite plus haut, avec cette différence que le croissant antérieur se prolonge par une scissure jusqu'à la face interne en isolant les piliers internes contigus par une échancrure, qui se prolonge jusqu'à la base par un sillon s'effaçant. Le croissant postérieur est très ouvert, terminé par une troncature au bout antérieur comme dans la dent précédente, puis à l'autre bout se prolongeant en un crochet concentrique au plissement interlobaire extérieur, il pénètre dans la base du troisième lobe. Une disposition analogue se rencontre dans les dernières arrière-molaires des girafes.

MENSURATION

Longueur de la branche mandibulaire depuis l'extrémité de la troisième arrière-molaire jusqu'au trou vasculaire, ou jusqu'au commencement de la symphyse.............	0,300mm
Espace supposé occupé par les trois avant-molaires......	0,060?
— par la barre....................	0,100?

Espace occupé par les trois arrière-molaires............	0,140mm
Epaisseur en arrière de la 2e avant-molaire..............	0,014
— vers le milieu de la même..................	0,011
Longueur de la 3e avant-molaire........................	0,032
Epaisseur de la même en avant......................	0,019
— en arrière.....................	0,024
Hauteur externe du mamelon central..................	0,025
Longueur de la 1re arrière-molaire....................	0,040
Epaisseur au 2e lobe................................	0,028
Hauteur interne au 2e lobe...........................	0,020
Longueur de la 2e arrière-molaire.....................	0,043
Epaisseur du 2e lobe................................	0,030
Hauteur interne au 2e lobe...........................	0,025
Longueur de la 3e arrière-molaire.....................	0,060
Epaisseur du 2e lobe de la même.....................	0,028
— du 3e lobe de la même.....................	0,018
Hauteur du lobe médian..............................	0,025
Longueur du 1er lobe................................	0,021
— du 2e lobe................................	0,020
— du 3e lobe................................	0.018

Il ressort de la description qui précède que le libytherium a une affinité incontestable avec les girafes. Mais il en diffère par une plus grande simplification de la partie du système dentaire de remplacement, autant par la forte et brusque diminution de volume des deux premières dents que par la structure de la troisième, dont les arêtes lobulaires internes sont réduites à une principale très étalée et à un talon antérieur bifide. Il y a aussi une grande différence de taille, les trois arrière-molaires inférieures de la girafe ayant de longueur en série au plus 100 contre 140. On ne peut donc mettre en doute que notre fossile diffère suffisamment du genre girafe pour constituer un genre spécial malheureusement encore trop peu connu et dont il serait surtout à souhaiter de découvrir quelques parties du crâne.

Le type des girafes, indépendamment de quelques espèces spéciales de l'Inde et de Grèce se référant à ce genre même, a été représenté dans les temps géologiques par quelques types très remarquables par leur taille surtout et par certaines particularités d'organisation.

Le plus anciennement connu est le *Sivatherium* des terrains tertiaires des Himalayas, le plus grand de tous, le plus remarquable par ses appendices frontaux bizarrement développés. Les quatre arrière-molaires de ce géant mesurent 25^{cm}, tandis qu'elles n'en ont que 17 dans le *Libytherium ;* ce ne peut être la même espèce. Quant au genre il paraît différer aussi par sa troisième avant-molaire bilobée, par un bourrelet basilaire à ses dents, par l'absence de pointe interlobaire et par le festonnement du repli d'émail entre les demi-cylindres. L'appareil des molaires de remplacement est beaucoup plus développé.

Un second type provenant également des terrains tertiaires de l'Inde, à l'île de Perim, est le *Bramatherium ;* il est bien moins connu et seulement, pour la dentition, par des molaires supérieures ; sa taille se rapproche davantage de celle du *Libytherium*, étant à peine supérieure ; il est bien certain que ce fossile diffère du *Sivatherium* par ses molaires à émail non plissé sur les croissants de la couronne, sans bourrelet basilaire, plus comprimées et obliques dans leurs lobes. Mais nous n'avons pas d'éléments de comparaison avec notre fossile algérien, et nous pouvons penser que l'état de développement de l'appareil dentaire de remplacement indique pour la mandibule un même développement proportionnel et une différence assez importante avec le libytherium pour qu'on ne puisse, en l'état, réunir les deux types ; il faut y ajouter la forte pointe interlobaire de ce dernier et la forme plus épaisse, plus robuste des molaires qui font contraste avec celles comprimées et obliques du *Bramatherium*. Il ne me paraît pas possible de les confondre.

Un troisième type a éte plus récemment découvert dans les célèbres gisements de Pikermi et nommé *Helladotherium* par M. Gaudry. Celui-là n'a pas d'appendice frontal, tandis que Falconer en attribue un à son *Bramatherium*. La dimension est aussi à peu près la même que dans le fossile de Perim et celui d'Oran. Encore ici nous sommes très pauvres en éléments de comparaison ; il n'y a que les deux arrière-molaires en germe d'une mandibule figurée par ce savant. La série des dents de lait ne laisse soupçonner aucune tendance à la réduction de l'appareil dentaire de remplacement et l'auteur dit que la muraille interne des arrière-molaires est droite, uniforme et ne porte pas de côtes. Il n'y a pas non plus de colonnette interlobaire. Les côtes et les colonnettes existent dans notre fossile et ses dents paraissent plus robustes et moins soulevées. Autant qu'il est possible actuellement d'en juger, il me semble qu'il y a assez de motifs pour ne pas permettre l'identification générique de ces fossiles.

Le gisement de la mâchoire du *Libytherium* se trouve à Oran, près de la porte de Mostaganem, dans des carrières de grès qui font partie des plus anciennes assises pliocènes, sur l'horizon du terrain plaisancien. Son âge est donc postérieur à celui de l'*Helladotherium*. On y a trouvé quelques débris de caballins que nous ferons connaître, des fragments de cétacés baleiniens et des dents de squales et de sparoïdes.

LA GIRAFE

La girafe n'a probablement pas été étrangère à la région barbaresque aux derniers temps quaternaires ; mais jusqu'à ce jour sa présence n'y est constatée par aucune découverte d'ossements. L'espèce a toutefois été representée, assez mal il est vrai, mais bien reconnaissable, sur les tableaux rupestres en société d'autres animaux de la période néolithique : Hadj Mimoun, Cf. Hamy, dessins du capitaine Boucher ; le Sous au Maroc, Cf. Duveyrier, d'après les estampes du Rabin Mardochée ; Hadj Mimoun et Guebar Rechim, Cf. M. Flamand, d'après ses photographies ; Moghar Tathani, d'après le même, etc. On peut donc déclarer qu'elle n'a pas été inconnue des hommes de cette époque.

CERVIENS

LE CERF A JOUES ÉPAISSES

CERVUS PACHYGENYS Pom. (C. R. A. S. T. CXV. 213.)

Pl. VII et VIII.

La détermination de cette espèce repose sur des portions de mandibules au nombre de trois, toutes du même côté et ayant appartenu à trois individus par conséquent. L'une d'elles porte les trois arrière-molaires en place, mais elles sont un peu encroûtées ; elles y sont en outre plus ou moins endommagées et les détails de la couronne y sont diffus et seulement compréhensibles à l'aide d'autres dents. Une seconde, provenant du même gisement, est réduite à sa portion angulaire. Puis une troisième à peu près conservée dans les mêmes parties que la première, mais beaucoup mieux, n'ayant toutefois conservé que ses deux dernières arrière-molaires, va nous servir de type pour la description qui suit.

Ces dents sont bien du type de celles des cerfs. La deuxième arrière-molaire a un fût très court, presque complètement exserte ; sa couronne est à peu près carrée, un peu plus large en arrière par suite d'une assez forte projection en arrière de l'angle de sa muraille interne. Les lobes externes des croissants sont courts, un peu anguleux et un peu conoïdes, à surface fortement vermiculée, profondément séparés avec une pointe interlobaire assez forte, se reliant à un bourrelet bien saillant en avant s'effaçant en arrière. La muraille interne est fortement accidentée, très enfoncée entre les deux lobes, à l'opposé du sinus externe ; en avant de ce sinus, elle a une côte marginale antérieure bien diminuée par la détrition ; puis une autre côte semblable limitant le lobe devant le sinus et entre ces deux côtes en V une forte gibbosité costiforme.

A la partie postérieure de la face interne l'angle, très saillant en avant, est formé par les extrémités très rapprochées des cornes des deux croissants opposés et une scissure superficielle les sépare. Entre cette côte marginale et la dépression médiane est une deuxième gibbosité costiforme. Les croissants de détrition sont larges, surtout les extérieurs, et les croissants lacunaires bien ouverts à leur milieu avec les cornes très avancées contre les côtes extérieures pour l'antérieur ; pour le postérieur, au contraire, la corne antérieure s'avance entre le sinus de la face interne et la corne postérieure du croissant antérieur, et la corne postérieure se prolonge sous forme de scissure jusqu'à l'extrémité très déjetée en dehors de la côte angulaire postérieure. C'est donc une dent à plissements des lames assez complexes et s'écartant sensiblement du type ordinaire cervien.

La troisième arrière-molaire est à trois lobes ; ses deux lobes principaux sont construits sur le même type que pour celle qui la précède : bourrelet du collet, pointe interlobaire assez épaisse, côtes de la muraille externe s'effaçant ou s'atténuant vers le collet, plissements de la couronne semblables (sauf que la corne postérieure de la lacune en croissant ne traverse pas la côte angulaire) et celle-ci encore bien marquée, quoique moins saillante, que dans la dent précédente. Le troisième lobe de la dent est petit, subcylindrique, bien détaché du lobe moyen même à la face interne et portant une petite lacune bien indépendante à sa couronne. En outre cette dent présente cette singularité que, bien que pourvue de ses trois lobes et qu'étant la dernière de la série, elle est très sensiblement plus petite et surtout moins large que celle qui la précède. En outre, sa face interne rentre en dehors du côté extérieur de toute l'épaisseur qu'elle a en moins que la dent antérieure. Celle-ci est épaisse de 16^{mm} au lobe antérieur, tandis que la dernière n'a que 13^{mm} au même point ; la longueur intérieure est de 20^{mm} dans l'avant-dernière et n'est que de 22° dans la dernière, ce qui fait un fort contraste.

Dans un cerf des tourbières de la Somme, les trois arrière-molaires inférieures ont de longueur respective 23^{mm} — 25^{mm} — 33^{mm} et 80^{mm} pour la série, ici elle n'est que de 59^{mm}.

La branche horizontale de cette mandibule est brisée en avant de la deuxième arrière-molaire et ne montre que la racine postérieure de la première ; mais la branche montante est conservée dans un parfait état et présente des formes extraordinaires qui font naître la pensée d'une déformation pathologique. Cependant cette apparente malformation se reproduisant identique dans trois sujets différents, force est bien de reconnaître qu'elle est bien naturelle à l'espèce et non pas un accident tératologique.

La branche horizontale paraît commencer à s'épaissir à partir de la deuxième arrière-molaire et sa face externe devient turgescente rapidement en même temps qu'elle s'élargit et que son bord alvéolaire remonte notablement pour y contribuer. Cette turgescence atteint son maximum à la hauteur du talon de la troisième arrière-molaire et en un point qui, situé entre le bord alvéolaire et le bord inférieur, se relève en une bosselure qui tombe sur une zone à peine rugueuse qui paraît représenter la marge de l'insertion du masséter, dans la zone duquel elle tombe. A l'opposé de cette tuméfaction et au niveau du lobe postérieur de la dernière dent, la face interne s'arrondit pour fuir en arrière et un peu en dehors afin de préparer l'aplanissement de la zone angulaire. Le bord inférieur tend à s'atténuer en carène très obtuse et épaisse qui s'efface vers une petite gibbosité et une contraction du bord, marquant l'origine de la branche montante. Ce bord est de nouveau pincé mais très obtus jusqu'à l'origine de l'angle et se relève au dessus de la ligne du bord inférieur de la branche horizontale qui est très oblique.

La face externe continue à rester très convexe, portant à son bord supéro-antérieur deux ou trois sillons plus ou moins parallèles traçant comme des vermiculations ; il y a encore des traces semblables qui semblent limiter la zone massétérine jusqu'à un bourrelet qui borde toute la courbure angulaire, puis la surface externe ondulée se poursuit presque unie jusqu'au bord postérieur qui redevient épais, arrondi pour former un robuste support au condyle glénoïdien.

La face interne de cette branche montante est assez aplanie et montre des impressions qui paraissent être la trace de vaisseaux superficiels, dont un, un peu plus creusé, descend du trou dentaire qui est grand, oblong et presque bordé. Devant lui est une grande impression un peu rugueuse, réniforme et allant en remontant obliquement presque atteindre le bord à la hauteur du condyle, et revenant vers le trou en rangeant le sinus post-coronoïdien. Une autre impression moins grande, de forme oblongue, à surface semblablement rugueuse, bien marginée par un petit relief, surtout en arrière et en bas, prend son origine entre le sommet de la convexité angulaire et le bord inféro-postérieur du trou dentaire et s'étend obliquement en avant et en bas en restant loin du bord. Cette convexité angulaire est à arc bien régulier dont les extrémités sont bien marquées par une saillie du bord. Il correspond à un épaississement en bourrelet bien marqué, de sorte que cette région angulaire, au lieu d'être amincie, est fortement épaissie.

Ce qu'il y a de plus anormal, c'est certainement l'apophyse coronoïde. Au lieu de cette lame mince, longue et en crochet qui la constitue chez la majorité des ruminants, nous avons une grosse apophyse courte, subpyramidale, formée par le bord antérieur de la branche montante, très épaissi, s'élevant en droite ligne à partir de l'arrière-molaire qu'il déborde notablement, aplani sur cette face antérieure et se terminant au sommet par un appendice conoïde qui finit en crête transverse cunéiforme, épaisse, obtuse et dressée. Il y a dans cette disposition une apparence d'atrophie qui rappelle un peu celle de l'apophyse coronoïde des méganthéréon ; il y a peut-être une cause organique à cette singulière modification, mais elle ne me paraît pas être de même nature que chez ces félins à grand menton. Cette cause ne peut être soupçonnée actuellement ; elle nous sera certainement révélée par la découverte de pièces plus complètes que celles aujourd'hui connues.

Le condyle est en portion de cylindre peu large et regardant en haut, débordant à peine en arrière. Il est porté par un pédicule épais et robuste qui prolonge le bord postérieur de la branche montante. Il est très saillant en arrière de la ligne tirée du sommet de l'apophyse coronoïde au bord supérieur du bourrelet angulaire, soit 20mm et à 35mm du bord supérieur du trou dentaire. Il est séparé de l'apophyse coronoïde par un sinus très ouvert en arc régulier à partir du sommet de cette apophyse et dont la corde est de 30mm. La facette condylienne est très basse puisqu'elle n'est qu'à 10mm au dessus du plan de mastication des arrière-molaires et le sommet de l'apophyse coronoïde elle-même est très bas, puisqu'il ne dépasse ce plan que de 40mm.

J'ai pu constater que le gonflement de la partie postérieure de cette mâchoire est produit par un épaississement notable de la lame osseuse très dense, et qu'il n'était point produit par une ampoule de cette lame ou par un développement exagéré du diploé.

Je ne connais rien de comparable à cette structure dans le groupe des ruminants. Cependant, dans le dromadaire on peut remarquer une tendance marquée à l'épaississement de l'apophyse coronoïde et l'élargissement de son bord antérieur à partir de la dernière molaire ; cette apophyse est nettement triquètre jusqu'à son sommet et est presque droite sans crochet ; mais cet épaississement n'intéresse pas la partie inférieure de la branche montante qui reste mince, l'apophyse reste longue ; le condyle est très élevé, peu saillant en arrière et sa facette glénoïdienne est tout autrement construite, étant formée de deux surfaces subplanes se réunissant presque à angle droit et correspondant à une face glénoïdienne plus compliquée et formant un fort pli transverse ; il n'y a, du reste, aucune autre analogie.

La mandibule que nous venons de décrire a été trouvée dans un limon tourbeux associé à des silex taillés dans un ravin en creusant les fondations d'un viaduc au nord de Bérouaghia, et donnée au Service géologique par M. Sauvaget, ingénieur de la construction. Elle était accompagnée de quelques autres ossements dont il sera question plus loin.

La première mandibule signalée a été trouvée par M. Bégin dans une grotte à ossements sous le cap Carbon, près de Bougie ; elle est absolument semblable à celle ci-dessus décrite, sauf qu'elle porte en plus une première arrière-molaire très mutilée. Cette dent ressemble beaucoup à la deuxième arrière-molaire ci-dessus décrite ; elle est seulement un peu plus petite ; elle a été ajoutée au trait à la figure 2 de la planche VII, ainsi que l'os qui la porte et qui indique que la branche horizontale était très peu épaisse et presque grêle, comparée à sa partie postérieure.

Du même lieu nous avons reçu de M. Bégin une portion angulaire d'une troisième mandibule qui ne peut servir à autre chose qu'à démontrer que le gonflement de la face externe sous la dernière molaire n'est pas un accident tératologique mais bien une disposition naturelle. De Bérouaghia nous n'avons que peu de matériaux, le gisement étant pauvre. Mais la caverne de Bougie étant plus riche, c'est là que nous avons quelque chance de trouver d'autres parties de ces animaux.

MENSURATION

Longueur de la 1re arrière-molaire (mâchoire de Bougie)..	0,017mm
Longueur de la 2e arrière-molaire........................	0,020
Largeur du lobe antérieur..............................	0,016
Longueur de la 3e arrière-molaire........................	0,022
Largeur du lobe antérieur..............................	0,013
Hauteur de la branche horizontale devant la 1re arrière-molaire (sujet de Bougie)...............................	0,024
Hauteur de la branche horizontale devant la 2e arrière-molaire...	0,025
Epaisseur au même point...............................	0,025
Hauteur de la branche horizontale sous la dernière molaire	0,042
Epaisseur de la même au même point..................	0,040
Distance de l'arrière-molaire au sommet de l'apophyse coronoïde...	0,075
Distance de l'arrière-molaire au bord postérieur du condyle	0,080
— au bord angulaire..........	0,065
Hauteur du sommet coronoïdien sur le bord inférieur de l'os	0,095
— sur le plan de mastication.	0,040
Hauteur du condyle sur le même plan..................	0,010
Epaisseur du bord coronoïdien antérieur vers sa base.....	0,035
— au milieu de sa hauteur...	0,025
Epaisseur de l'apophyse à la hauteur du condyle.........	0,022
Epaisseur du bord postérieur..........................	0,012
— angulaire.........................	0,015
Largeur transversale du condyle.......................	0,020

J'ai dit plus haut que c'était parmi les débris recueillis dans la grotte de Bougie qu'il fallait espérer rencontrer d'autres débris de ce cerf ; provisoirement je considère comme tels deux fragments qui ont toute la texture des bois de cerfs ; ils sont figurés Pl. VII, fig. 5 et Pl. VIII, fig. 2 et 3 de G. N. Ce sont deux tronçons d'andouillers dont l'un, Pl. VII, est presque droit, à section elliptique, dans les rapports de 18 à 25 avec les sommets de l'ellipse arrondie. Sa surface est presque unie, d'un tissu fin, avec quelques rudiments de cannelures assez espacées ; il y a une légère courbure dans le sens de l'aplatissement. Il a 90^{mm} de long ; il porte la trace de coups de dents de porc-épic, comme cela arrive souvent sur les ossements de nos cavernes ; c'est parce qu'il est détérioré vers le bout qu'il paraît pointu ; néanmoins il s'atténue sensiblement dans cette direction.

Le deuxième tronçon est un peu plus long, il est un peu flexueux et sigmoïde. Sa section est elliptique comme celle de l'autre tronçon dans les rapports de 15 à 20 ; il a sensiblement la même grosseur dans toute sa longueur qui est de 110^{mm}. Sa partie inférieure se courbe un peu plus fort, comme si elle était voisine d'une bifurcation. La surface est très unie, finement poreuse, avec des traces frustres de cannelures.

Trouvés dans une grotte de France de l'âge du renne, on hésiterait très peu à les considérer comme des andouillers de bois de renne ; mais comme il est très peu probable que le renne ait vécu dans le nord de la Berbérie, où je n'en ai observé aucun débris, on peut admettre qu'il y a peu de probabilité à ce que ces tronçons lui aient appartenu, et force est de les attribuer provisoirement au *Cervus pachygenys* du même gisement et comme une indication de recherches ultérieures pour la vérification du fait qui ajouterait à la singularité de ce cerf à joues épaisses.

Avec la mandibule de Berrouaghia on a trouvé deux tronçons de radius présentant toutes les formes des cervidés et ayant très probablement appartenu au cerf à joues épaisses ; ces os sont de taille un peu différente et ont appartenu à deux sujets. Le mieux conservé est figuré Pl. VIII, fig. 4.

Il est légèrement oblique en dehors vers le bas, convexe à la face antérieure, concave à la postérieure, concave aussi en arrière dans la figure de profil. En haut il est brisé un peu au dessous du point où le cubitus se soude au radius à sa face postérieure. En bas il est brisé aussi très près des faces articulaires pour le carpe et en dessous des tubérosités des crêtes qui forment la coulisse du bas de la face antérieure ; il en résulte deux points de repère approchés pour comparer sa longueur à celle du cerf. De la tubérosité inférieure à la lacune d'adhérence du cubitus on peut estimer 185mm ; cette même distance est d'environ 250mm dans le cerf des tourbières, et comme la lacune d'adhérence du cubitus est un peu variable, on ne peut considérer cette mesure que comme approximative.

Elle indiquerait toutefois une taille moins élevée que celle du cerf, tandis que l'épaisseur indiquerait tout le contraire, mais dans des proportions qui ne s'opposent nullement à ce qu'on accepte le rapprochement que j'indique. La largeur médiane de l'os est de 40mm, tandis qu'elle n'est que de 35 dans le cerf des tourbières qui nous sert de comparaison. Il résulte de là que notre fossile était bien plus robuste et plus trapu que le cerf des tourbières du Nord, qui nous paraît avoir été un peu plus grand que le cerf encore vivant. Ses dents étaient certainement petites pour ses membres.

Le cubitus est très robuste aussi ; il affleure presque partout en dehors le bord du radius et dans le milieu de la longueur lui est presque contigu ; dans une grande partie de sa longueur il couvre environ la moitié de la largeur du radius et dans le bas il en occupe encore le tiers de la surface. L'ensemble de ces deux os, réduits à une portion de la diaphyse, ne saurait nous fournir d'autres documents de comparaison précisables. Il confirme toutefois que l'animal auquel ils ont appartenu devait avoir dans sa membrure des caractères tout spéciaux.

CERF INDÉTERMINÉ

Pl. VII, fig. 6 et 7.

J'avais pensé d'abord devoir rapporter au cerf à joues épaisses une arrière-molaire supérieure trouvée dans la grotte du Grand Rocher, près le cap Caxine ; mais elle est un peu trop grande pour les molaires inférieures et égale environ celle de même rang du cerf commun. Comme structure elle lui ressemble beaucoup. Le bourrelet du collet donne la pointe interlobaire accolée au lobe antérieur et une deuxième plus courte est l'origine du bourrelet plus atténué du lobe postérieur. Le croissant interne postérieur pousse sa pointe antérieure jusqu'au fond du sinus, entre les deux lobes et le croissant antérieur, applique sa pointe postérieure, très longtemps libre, sur le dos du précédent. La muraille externe est pourvue de trois côtes presque égales, bien disposées en double W avec les intervalles relevés en bosses costiformes. Les proportions de cette dent sont les mêmes que celles de l'élaphe. Si cette dent n'a pas appartenu à la même espèce, c'est dans d'autres parties du squelette que doivent se trouver les caractères pour la différenciation.

D'après les auteurs récents, il y aurait deux espèces de cerfs dans le nord de la Berbérie : une variété ou sous-espèce d'élaphe, *C. barbarus* Gerv. (*mediterraneus* ou *corsicanus* Auctorum) et le daim. Le premier se trouve surtout aux confins de la Tunisie et de l'Algérie, de La Calle à Tébessa et au delà et dans le sud-est de la Tunisie. D'après l'observation de M. Lataste, le cerf de Berbérie aurait sa robe mouchetée comme le daim. Ne serait-ce pas lui dont la femelle aurait été prise pour le daim de La Calle ? Ce ne serait pas impossible.

Je ne puis comparer ma dent de la grotte du Grand Rocher à celle de ce cerf de Berbérie dont je n'ai pas le crâne mais seulement le bois. Je ne puis donc rien affirmer sur l'identité probable de ces animaux aux derniers temps préhistoriques. Le cerf de Berbérie, dans ce cas, aurait étendu son domaine bien au delà vers l'Ouest de ses limites actuelles ; mais il ne devait pas être très répandu, car jusqu'à ce jour je ne connais qu'on puisse lui attribuer que la molaire figurée. La découverte de cette dent de cerf dans une station néolithique, quoique des derniers temps préhistoriques, présente un certain intérêt au point de vue de l'ancienne distribution des espèces de vertébrés.

Hérodote, dans le paragraphe CXCII du Livre IV de son histoire, après avoir énuméré les animaux qui se trouvent dans la région de la Libye à l'ouest du désert et dans le pays montagneux et forestier susceptible de travaux agricoles, parle de ceux qui se rencontrent dans le pays des nomades et ajoute qu'il y en a d'autres encore qu'on trouve aussi dans d'autres pays, sauf le cerf et le sanglier ; car, répète-t-il, en effet, aucun cerf (ἔλαφος) et porc sauvage (ὗς ἄγριος) ne se trouve en Libye. Pline est tout aussi explicite.

Avant eux certainement le cerf représenté par notre dent fossile, et je puis ajouter le sanglier qui a été trouvé assez fréquent dans les mêmes gisements, avaient habité la Berbérie. Hérodote serait excusable de l'avoir ignoré, quoique chez lui on puisse constater que ce doit être par suite d'un renseignement positif ; mais Pline ne le serait pas en parlant d'un pays occupé par les Romains et en train d'être romanisé. En tout cas, il serait bien difficile d'admettre que ces espèces aient émigré au début des temps historiques pour revenir plus tard, et pourquoi ?

Les dessins rupestres ne nous ont rien laissé de bien instructif sur la présence de cerfs en Berbérie à l'époque à laquelle ils remontent : celle du buffle antique. On a d'El Hadj Mimoun un dessin du capitaine Boucher, publié par M. Hamy dans la *Revue d'ethnographie* de 1882, p. 129, montrant un animal dont la tête paraît surmontée d'appendices branchus, grêles, très irréguliers, qu'un personnage semble tenir pour entraîner l'animal. Il n'y a rien qui permette de porter un jugement de zoologiste sur ce dessin. En tout cas, on peut dire que l'animal représenté était de très petite taille, car, comparé à celui du capteur, il ne devait pas avoir plus de 80cm de longueur du corps. C'est probablement le même sujet reproduit par M. Flamand, d'après photographie, dans ses *Pierres écrites*, Pl. XXXIII, fig. 7, inédites encore.

On pourrait considérer comme représentant un cerf un dessin donné par M. de Vigneral dans son livre *Ruines romaines de l'Algérie, cercle de Guelma* (Challamel, 1867), tiré des rochers de Hadjar Khenga, dans l'Oued Cherf. Il semble bien que c'est un bois que porte l'animal qui est à droite d'un bœuf au côté gauche de la planche, mais il n'y a pas certitude.

CONCLUSIONS

Cette livraison de monographies sort un peu de notre cadre habituel ; elle comporte en réalité trois monographies parce que les matériaux de chacune d'elles n'étaient point assez abondants et variés pour en faire l'objet d'un fascicule spécial, tandis que leur importance motivait une publication immédiate. Le groupement adopté viole également un peu les conventions de classification sériale méthodique, et je n'ai eu aucunement l'intention d'indiquer les affinités des groupes par l'arrangement que je leur ai affecté.

Le groupe des chameaux est, à juste titre, considéré comme aberrant dans la série des ruminants, si homogène pour le reste, et je ne saurais avoir l'intention de marquer une affinité plus grande avec le groupe des cerfs qu'avec celui de n'importe quel autre groupe de ruminants normaux. J'ai évité avec soin, du reste, de donner à mes fascicules un numéro d'ordre sérial pour n'être pas lié dans leur publication par la nécessité de renvoyer à plus tard l'utilisation de matériaux intéressants préparés avant ceux qui devraient les précéder. Il est donc bien établi que l'ordre de publication des matériaux utilisés n'est réglé que par celui des découvertes heureuses et en outre par celui de leur mise en œuvre.

Le type chameau étant considéré comme asiatique, sa découverte dans cette partie du monde dans le sein de la terre par Bojanus, qui l'a nommé *Merycotherium*, n'a pas beaucoup étonné les naturalistes, qui ont révoqué en doute non seulement la différenciation générique, mais même la nature fossile des débris qui avaient donné lieu à cette création générique, et l'observation de Cuvier reste encore le dernier mot de la science sur l'ancienneté et la détermination suspecte de l'animal en question. On ne sait même pas quel est l'âge du gisement d'où proviendraient ces débris. Il est toutefois certain que l'existence du type chameau dans l'Inde remonte à l'époque miocène, d'après les travaux de Falconer sur la faune fossile subhimalayenne.

La présence actuelle du dromadaire dans l'Afrique du Nord a au contraire donné lieu à des controverses sur la question de son indigénat ou de son immigration. Ce type est tellement bien adapté aux conditions d'existence de la région saharienne qu'on ne peut pas s'imaginer qu'il ait pu jamais y faire défaut, et cependant les auteurs du temps de la conquête romaine n'en parlent pas. Barth a retrouvé les traces des charriots à bœufs employés par les Romains dans leurs expéditions chez et au delà des Garamantes. Je ne sais plus quel auteur ancien a dit que les Daratides venaient à Cirtha à travers des bas-fonds salés et qu'ils transportaient leur eau dans des outres arrimées sous le ventre de leurs chevaux. Cela se pratique actuellement sous le ventre des chameaux.

Si les Romains n'ont pas employé le chameau dromadaire, pas plus que les Daratides, pour cet usage de convoyeur, il y a tout lieu de croire qu'ils ne le connaissaient pas. Il avait bien pu être introduit en Egypte d'Arabie, mais il n'avait pas dû passer en Libye, pour une cause ou pour une autre qu'il faut renoncer à découvrir. Il paraît qu'il y aurait cependant quelques réserves à faire au sujet de la date de l'introduction par l'Egypte déterminée par Desmoulins, si l'on s'en réfère à des médailles de la Cyrénaïque.

C'est une question, du reste, qui perd une grande partie de son importance par suite de la découverte de débris de dromadaires en Berbérie dans des couches dont la formation remonte à l'époque quaternaire, dans la phase néolithique des temps préhistoriques. Y existait-il à l'état domestique ? J'ai pu constater que ses débris trouvés en petit nombre présentent cependant des divergences de même nature que celles que l'on peut observer chez les animaux domestiques ; mais je ne pense pas que cela soit suffisant pour démontrer cet état de domestication.

Pourquoi cet animal aurait-il disparu de la région libyque à l'origine des temps historiques,puisqu'il a dû y être réintroduit plus tard de l'Arabie ? On peut remarquer que ses débris ont été enfouis dans des atterrissements d'un développement tellement considérable qu'ils nécessitaient pour leur transport un régime météorique extra-pluvieux. Le chameau dromadaire était-il constitué pour résister à un pareil climat ? On pourrait bien croire que non et que les rares débris osseux que nous en trouvons étaient déjà ceux des survivants d'une race s'éteignant ou émigrant ; hypothèse, si l'on veut, mais hypothèse plausible.

A une époque plus ancienne, celle où l'homme n'avait pour armes que des pierres grossièrement éclatées et où vivaient sur le sol libyen un éléphant d'espèce éteinte, des rhinocéros et hippopotames d'espèces ou de races disparues, il existait un chameau d'une espèce différente du dromadaire, bien plus haute sur des jambes plus robustes, ayant peut-être quelque affinité avec l'espèce de Bactriane. C'était dans le pays un prédécesseur bien ancien du dromadaire, et je ne saurais dire un ancêtre, car il me serait impossible d'en reconstituer la filiation. Il me paraît difficile de contester l'indigénat de cet animal ; l'homme d'alors était trop primitif, trop pauvre en ressources pour avoir pu introduire de très loin une bête dont la viande était la seule utilisation possible ; ce serait donc un type africain.

La deuxième monographie est aussi ici un peu hors de cadre. Le but principal de cette publication est de faire connaître les faunes quaternaires de l'Algérie, et cette partie du fascicule a pour objet presque unique de faire connaître un animal des temps tertiaires récents. Mais cet animal appartient à un type remarquable de famille représentée seulement dans les terrains tertiaires par un bien petit nombre de formes organiques remarquables par leur grande taille et leurs affinités avec les girafes du monde actuel. Il devenait très intéressant de faire connaître un représentant algérien un peu plus récent que les autres et propre au continent où vit encore l'unique représentant du groupe organique. Ce groupe se rattache d'assez près à celui des cerfs dans lequel il est assez aberrant ; mais la place que nous lui assignons est par cela suffisamment justifiée.

La troisième monographie est relative au groupe des cerfs. Elle est surtout intéressante parce qu'il paraîtrait contestable que les deux représentants actuels de ce groupe en Algérie y fussent autochtones. A la vérité, nous avons la certitude que le cerf y vivait à l'époque néolithique et que les affirmations d'Hérodote et de Pline, si elles ne sont pas controuvées à cet égard pour leur époque, le sont du moins pour les derniers temps préhistoriques.

Mais, en outre, nous avons pu révéler l'existence à la même époque d'une autre espèce très particulière et dont la physionomie devait être bien singularisée par l'épaisseur de ses joues osseuses, qui nous reste cependant malheureusement encore trop inconnue dans les autres détails de son organisation. Toutefois c'est bien un cerf, quelque paradoxal qu'il paraisse, et il augmente d'une unité les représentants de ce groupe dans le nord africain. On sait qu'on n'en a encore signalé aucune autre espèce sur le reste du continent africain, voué surtout aux antilopes. C'est un fait important de géographie zoologique à constater et sur lequel il est bon d'insister ici.

TABLE ANALYTIQUE

EXPLICATION DES PLANCHES

CAMÉLIENS — CERVIDÉS — PL. I

CAMELUS DROMEDARIUS

Figure 1. 9/10. Mandibule de jeune âge vue par la face externe montrant la dernière dent de lait et le germe de la dernière persistante, de Fort-de-l'Eau.

— 2. La même mandibule vue sur la face interne.

— 3. La même, vue sur la couronne des dents et montrant la barre, ou diastème, dépourvue de la première avant-molaire.

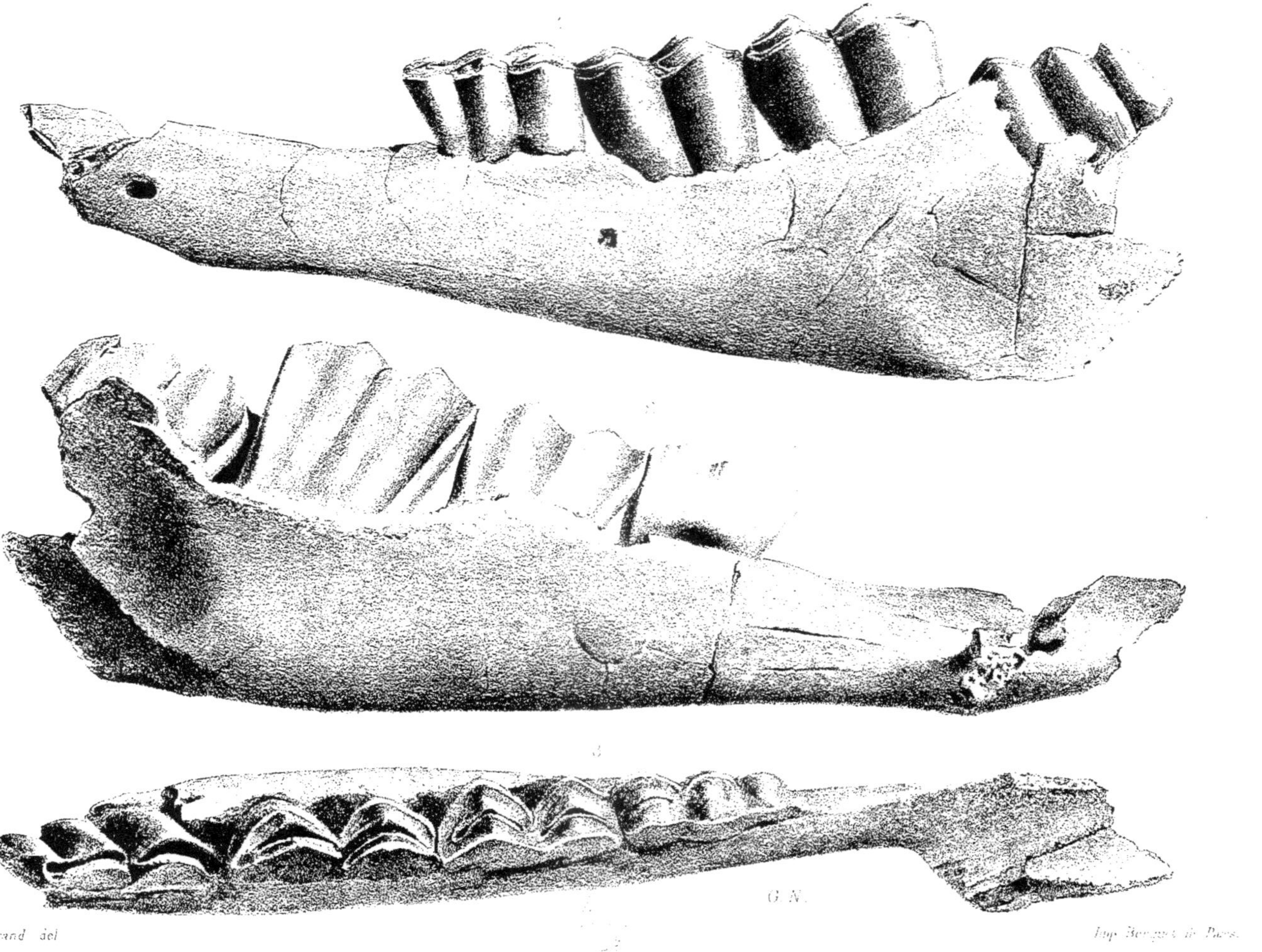

Frérand del. Imp. Becquet fr. Paris.

EXPLICATION DES PLANCHES

CAMÉLIENS — CERVIDÉS — PL. II

CAMELUS DROMEDARIUS

Figure 1. 2/3. Portion de mandibule d'adulte vue sur la face externe, provenant des alluvions de l'Oued Seguen.

— 2. La même, vue par la couronne des molaires. Le trou dentaire paraît sur la cassure de la branche montante.

— 3. La même, vue sur la face interne. Dans cette figure et la première, la troisième arrière-molaire a sa couronne très endommagée.

— 4. 3/4. Première phalange du pied antérieur; grotte du Grand Rocher.

a Vue du côté interne.

b Vue du côté externe.

c Vue par derrière.

d Vue par devant.

— 5. La même phalange vue par l'articulation supérieure.

— 6. La même, vue par l'articulation inférieure.

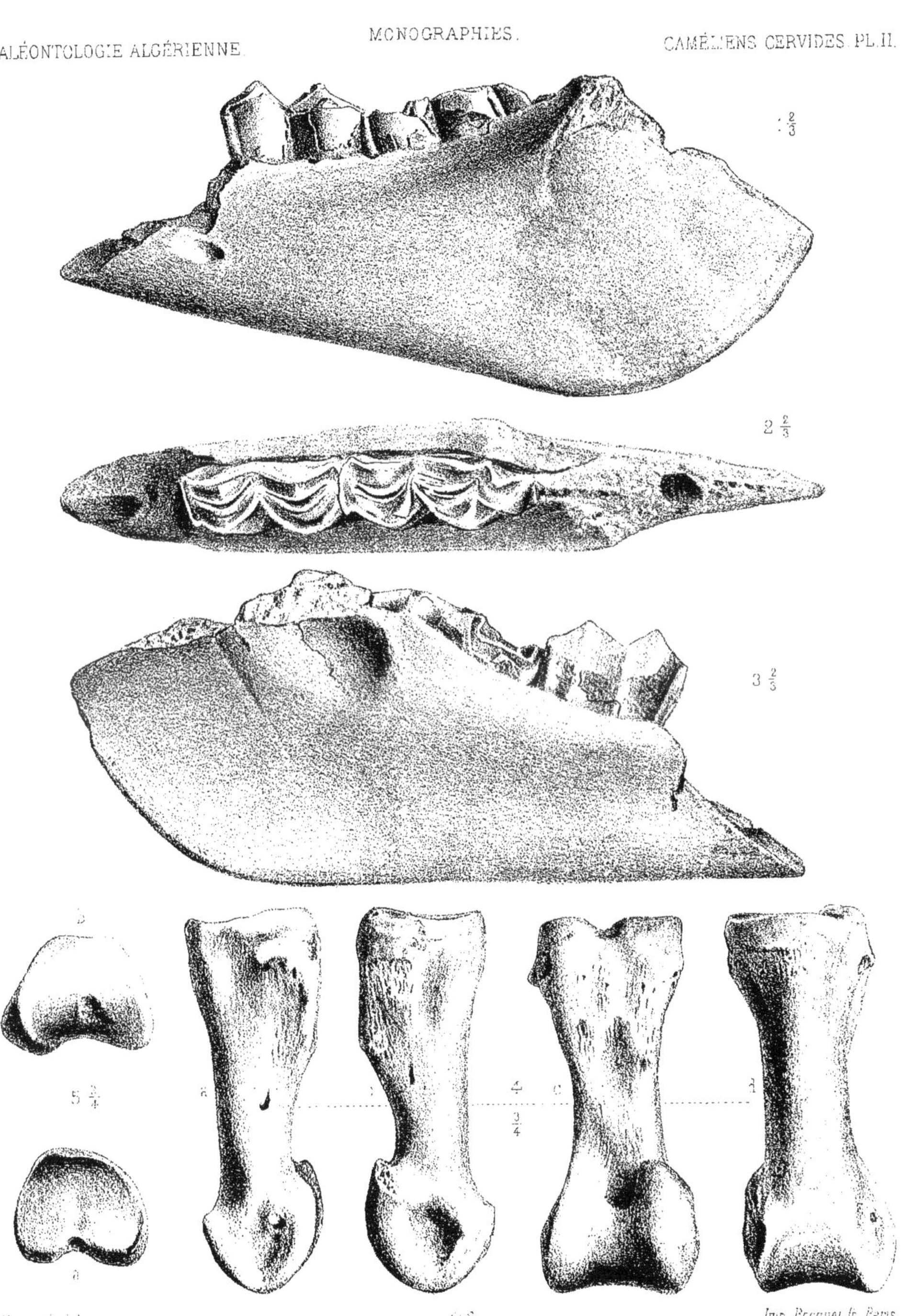

Pernard del.

Imp. Becquet fr. Paris.

EXPLICATION DES PLANCHES

CAMÉLIENS — CERVIDÉS — Pl. III

CAMELUS THOMASII

Figure 1. G. N. Les trois arrière-molaires, palatin, maxillaire et jugal du dromadaire, pour la comparaison avec la pièce suivante.

— 2. G. N. Les mêmes parties du Camelus Thomasii, de Ternifine.

— 3. G. N. Arrière-molaires, maxillaire et portion du jugal et de l'orbite de Camelus Thomasii, de Ternifine.

— 4. G. N. Troisième arrière-molaire supérieure vue par sa face antérieure du même, de Ternifine.

— 5. G. N. La même dent du dromadaire pour comparaison.

— 6. 1/4. Métatarsien de Camelus Thomasii, de Ternifine.

a **Vu** par la face postérieure.

b Vu par la face antérieure.

c Vu par la face externe un peu obliquement.

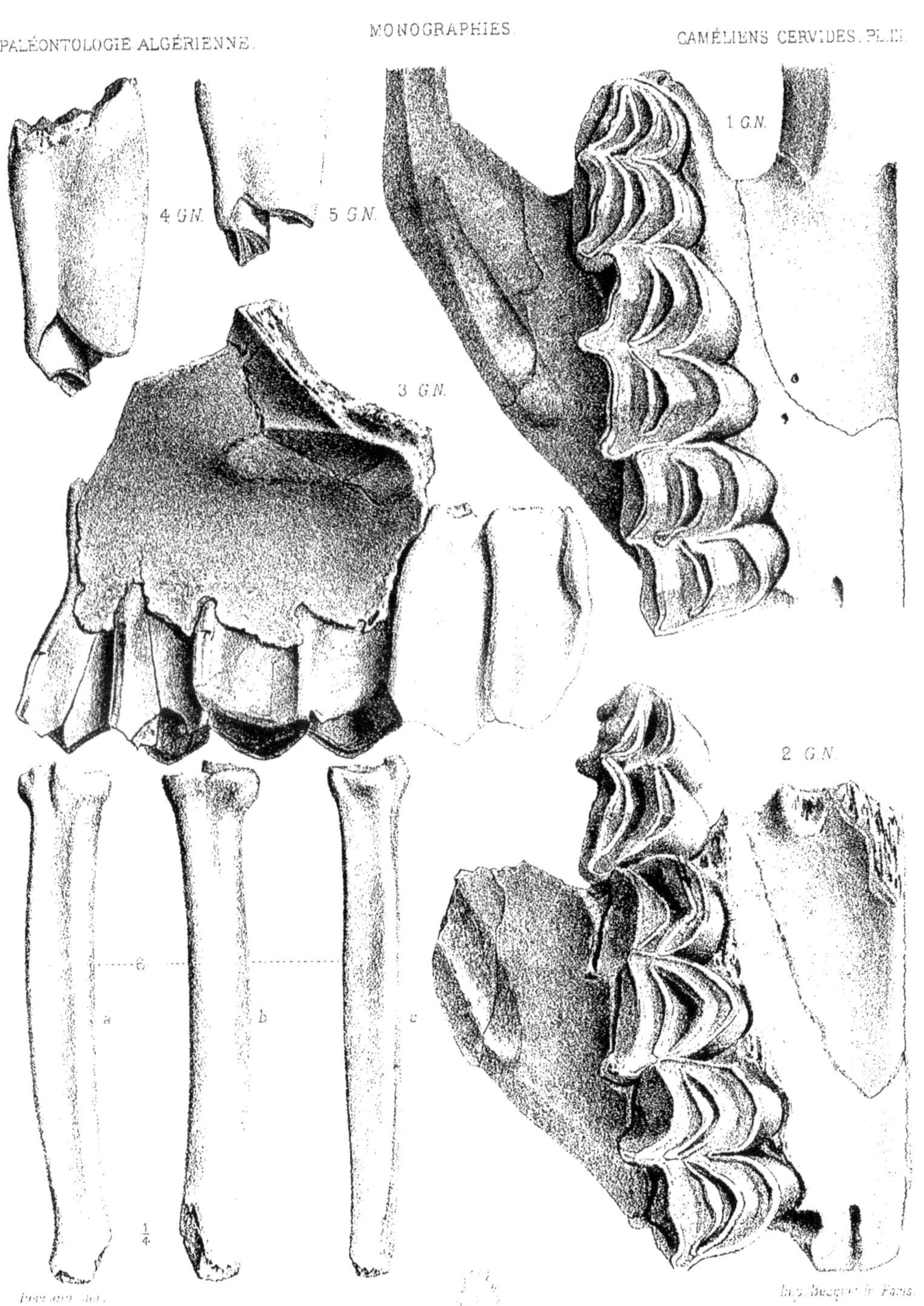

Imp. Becquet fr. Paris.

EXPLICATION DES PLANCHES

CAMÉLIENS — CERVIDÉS — Pl. IV

CAMELUS THOMASII

Figure 1. G. N. Troisième arrière-molaire supérieure, de Ternifine.

a) Côté postérieur montrant le bourrelet qui représente la côte marginale postérieure, vu de profil.

b) La même dent vue par la face externe, montrant la réduction du lobe postérieur.

— 2. G. N. Troisième arrière-molaire supérieure du dromadaire pour la comparaison avec la dent précédente.

a) Dent vue par la face externe.

b) Dent vue par la face postérieure.

— 3. G. N. Portion de mandibule vue par dessus, montrant les alvéoles de la 3e avant-molaire, de la 1re arrière-molaire et la 2e arrière-molaire vue par la couronne: draguée dans le marais de Ternifine.

— 4. G. N. La même, vue par la face externe.

— 5. G. N. Portion de l'orbite et du jugal du dromadaire, pour la comparaison avec le fossile.

— 6. 1/2. Face articulaire supérieure du métatarsien, de Ternifine.

G. N.

2 a b

1 a b

6 ½

5 G. N.

3 G. N.

4 G. N.

Ferrand del. Imp. Becquet fr. Paris.

EXPLICATION DES PLANCHES

CAMÉLIENS — CERVIDES — Pl. V

LIBYTHERIUM MAURUSIUM

Figure 1. G. N. Mandibule vue de profil du côté extérieur, comprenant la série des arrière-molaires et une partie des avant-molaires, du pliocène d'Oran.

— 2. G. N. La même, figurée par dessus pour montrer la couronne des molaires avec leurs disques de détrition et les replis d'émail.

Dans ces deux figures on a supprimé la barre.

1 G.N.

2 G.N.

Imp. Becquet fr. Paris.

EXPLICATION DES PLANCHES

CAMÉLIENS — CERVIDES — Pl. VI

LIBYTHERIUM MAURUSIUM

Figure 1. G. N. (*a* Mandibule de profil et du côté intérieur. On y a figuré une restauration hypothétique des premières avant-molaires, du pliocène d'Oran.

— 1. G. N. (*b* Représente l'extrémité antérieure de la mandibule supposée coupée en ❋. On y a figuré le commencement de l'engrenage de la symphyse.

— 2. 1/2. Même mandibule de profil par la face extérieure, réduite pour entrer en une figure dans le cadre de la planche.

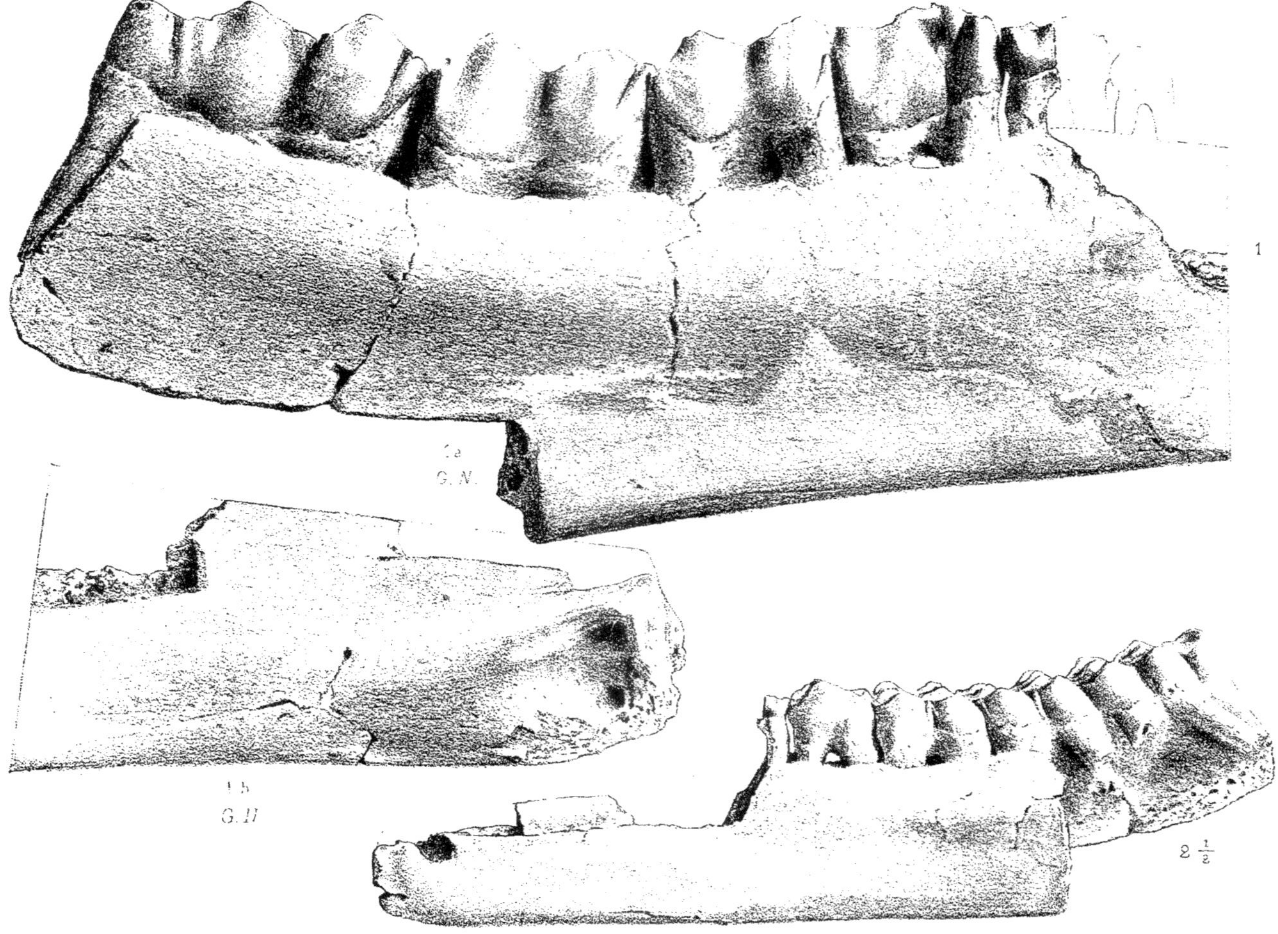

Imp. Becquet fr. Paris

EXPLICATION DES PLANCHES

CAMÉLIENS — CERVIDÉS — Pl. VII

CERVUS PACHYGENYS

Figure 1. G. N. Partie postérieure de mandibule vue par la face extérieure, de Berrouaghia.

— 2. La même, vue par la face interne. On y a ajouté au trait la 1re arrière-molaire, d'après un autre sujet.

— 3. La même, vue par la face inférieure.

— 4. La même, vue par derrière.

— 5. G. N. Un tronçon d'andouiller vu sur deux faces; les impressions figurées sont des traces de dents de porc-épic, de la grotte de Bougie.

— 6. G. N. Deuxième arrière-molaire supérieure de cerf indéterminé, vue par la couronne, de la grotte du Grand Rocher.

— 7. α) La même, vue par la face externe.

β) La même, vue par la face interne.

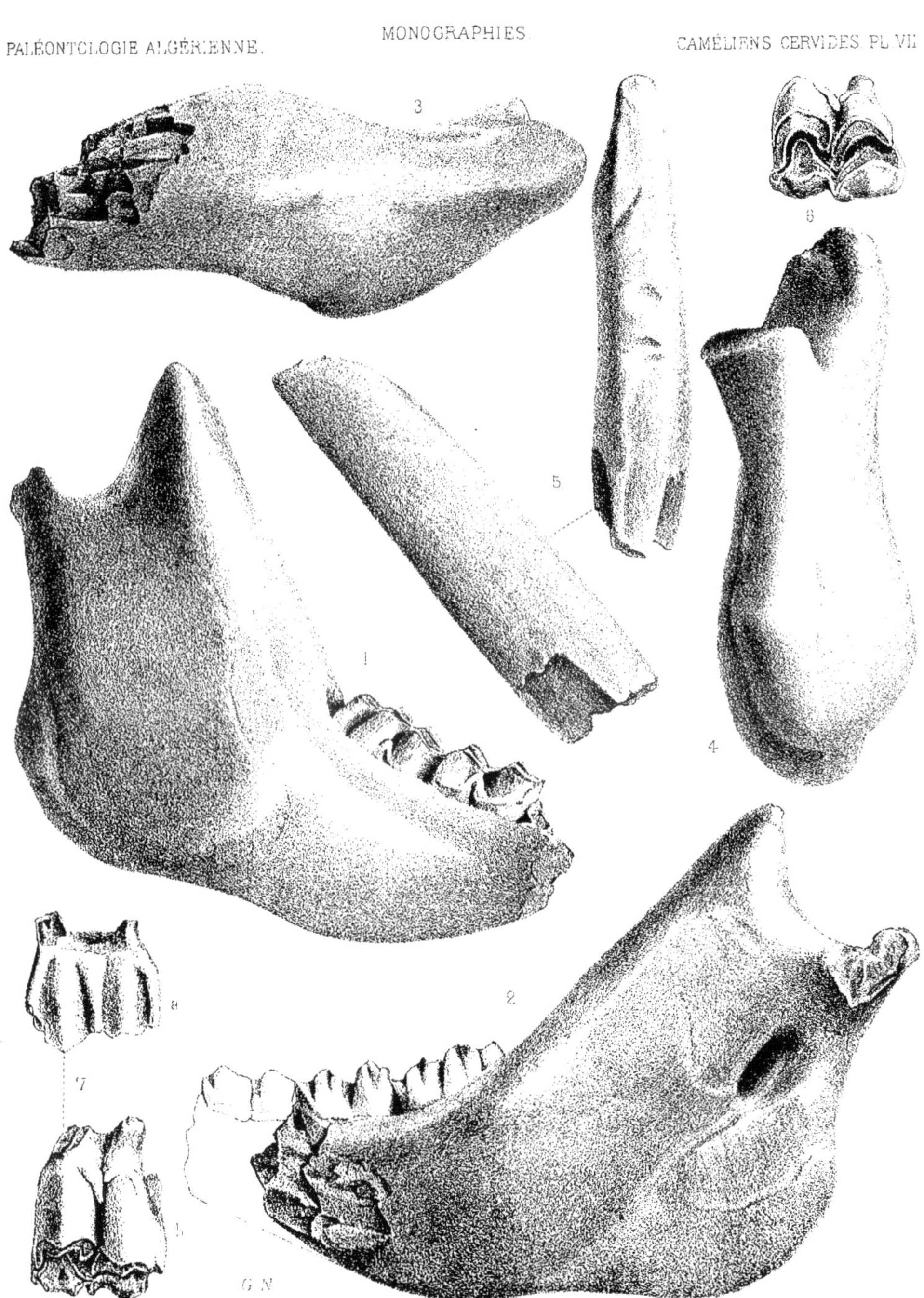
3
6
5
1
4
2
8
7
G. N.

EXPLICATION DES PLANCHES

CAMÉLIENS — CERVIDÉS — PL. VIII

CERVUS PACHYGENYS

Figure 1. G. N. Mandibule vue par dessous, montrant la couronne des molaires, de Berrouaghia.

— 2-3. G. N. Fragment d'andouiller avec coups de dents sur deux faces, de la grotte de Bougie.

— 4. G. N. Portion principale de diaphyse de radius vue sur trois faces, de Berrouaghia.

α) Face antérieure.

β) Face latérale montrant portion du cubitus.

c) Face postérieure avec cubitus correspondant.

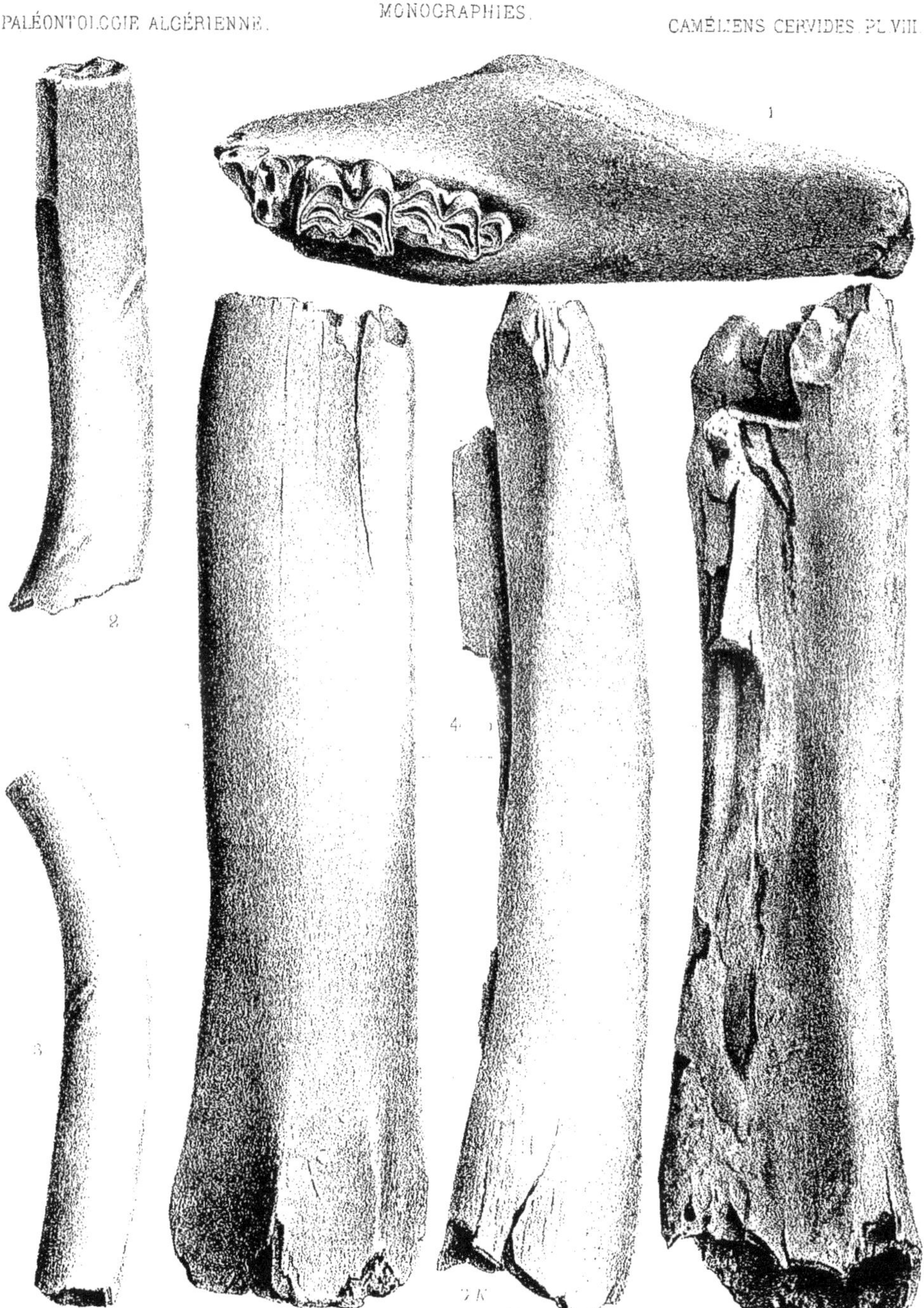

Ferrand del.

Imp. Becquet fr. Paris.

www.ingramcontent.com/pod-product-compliance
Ingram Content Group UK Ltd.
Pitfield, Milton Keynes, MK11 3LW, UK
UKHW020406230726
13925UKWH00003B/1287

9 782014 041804